商周出版

自慢③

以身相殉

何飛鵬的創業私房學

何飛鵬◎著

何飛鵬

城邦媒體集團首席執行長，媒體創辦人、編輯人、記者、文字工作者。

擁有三十年以上的媒體工作經驗，任職於《中國時報》《工商時報》《卓越雜誌》等媒體，並與資深媒體人共同創辦了城邦出版集團、電腦家庭出版集團與《商業周刊》。

他同時也是國內著名的出版家，創新多元的出版理念，常為國內出版界開啟不同想像與嶄新視野；其帶領的出版團隊時時掌握時代潮流與社會脈動，不斷挑戰自我，開創多種不同類型與主題的雜誌與圖書。

曾創辦的出版團隊超過二十家，直接與間接創辦的雜誌超過五十家。

著有：《自慢：社長的成長學習筆記》《自慢2：主管私房學》《自慢3：以身相殉》《自慢4：聰明糊塗心》《自慢5：切磋琢磨期君子》《自慢6：自學倫學筆記》《自慢7：人生國學讀本》《自慢8：人生的對與錯》《自慢9：管理者的對與錯》《自慢10：18項修煉》

Facebook 粉絲團：何飛鵬自慢人生粉絲團

部落格：何飛鵬——社長的筆記本（http://feipengho.pixnet.net/blog）

【封面說明】

二〇〇三年大女兒宛芳從美國密西根州立大學畢業，我們全家一起同遊美國，在密西根半島最北邊搭乘渡船，前往Mackinac Island，雖然已是五月底，但寒風冷冽，陽光普照。

小女兒宛芝在渡船上替我留下了這張照片，這是我少數個性鮮明的表情。

為何選擇這張照片作為封面？因為創業家本來就是要對社會做出「創造性的破壞」，一定要性格鮮明，特立獨行，要有「雖千萬人，吾往矣」的勇氣。這張照片的神韻，與創業家的情境吻合，故選用之。（何飛鵬）

【自慢】

日文中形容自己最拿手、最有把握、最專長的事。

形容自己的拿手與在行，是不是比別人更好，其實不知道，但絕對是自己最自信、最有把握的事。

PART 1

我的創業故事

我一輩子都迷戀創業，
原來我身上流著的是父親創業的血液，
我的創業基因其來有自。

第1章 天真的創業遊戲……033

第2章 準備與陷落……059

第3章 拔出石中劍……087

PART 3 創業私房心法……265

第7章 創業執行

第8章 創業陷落………381

第9章 創業誤區………403

PART 4 最後的告誡

終極修訂版序
世界翻轉，但創業的原理不變

這一本「以身相殉」的創業書，出版在二〇〇九年，那是網路正要開始翻轉世界的時刻。

嚴格來說，那還是一個傳統產業的創業時代，現在翻轉世界的FAAMG（臉書、蘋果、亞馬遜、微軟、谷歌）五大公司，有的剛展露頭角，有的還未成為巨獸，所以這本書談的還是傳統的創業模式及原理，當時還看不到現在劇變後的網路世界。而我自己的創業經驗，也還缺乏網路世界的探索，所以書中所述也僅止於傳統世界。

不過當我下決心重新修訂這本創業書時，我發覺需要更改的地方並不多，原因是這本書談的是創業的基本原理，而世界不論如何翻轉，創業的基本原理不變。

在這本修訂版中，我只更改了兩個部分：其一是我補了一篇經歷，描述從二〇〇七年之後，我在網路世界的探索，在這九年期間，我歷經了網路創新最痛苦的煎熬。

這九年間，所有的傳統紙媒介可謂面臨了「不創新，就滅亡」的威脅，網路世界改變了人類的閱讀習慣，也改變了知識傳播的路徑，使整個內容產業急轉直下，步步危機。

我是在這種環境，啟動公司的創新，創業大進擊。我們火力全開，從各種可能的方向，開創新的事業，從摸索中與市場一起演化，最終我們讓兩家網路公司同時轉虧為盈，成功的迎向數位世界。

其二是我增加了十幾篇和創新有關的文章，這些文章都是在二〇〇九年之後陸續撰寫，也都是我在創業經營中的體悟，增加了這些文章，讓這本創業的書更加周延完整。

我一向認為創新是有為之人改變世界最好的途徑，透過創業能對社會進行破壞性的創新，可以改變社會的缺失，也可彌補社會的不足。創業推動世界進步。

創業也是自我救贖，自我改變的最佳方法，創業成功最具體的成果就是財富自由，可以不再為金錢所困，可以為所欲為。當然創業也是個人自我實現的證明，把一件事從想像，一步步具體化，變成具體的事業，滿足了社會大眾的需求，也完成了自我的成就。

我一直鼓勵年輕人，如果想擁有不凡的人生，創業是最佳的途徑，雖然創業的風險很高，失敗的機會也很大，但只要勇於嘗試，多試幾次，成功的機率就會大增。所以想創業的人，行動要趁早，越早創業，成功的機會越大，有更多的時間與體力，可以再試一次。

而創業一定要具備明確的創新，別人已經在做的，世界上已經存在的生意，如果我們只是複製，做同樣的事，這不是真正的創業，因為這樣的創業對社會不會有所改變，而成功的成果也乏善可陳。

創業一定要做大家都不認可的事，如果所創的業，大家都認可，代表這件事大家都知道，都看懂，這種事一定不是創新，因為創新的事，肯定大家都不知道，也看不懂，當然也就不會認同。創業者一定要有眼光、有膽識，走一條別人都不認可的小路，然後獨持偏見，一意孤行。

最後要提醒所有讀者，別人的經驗可以參考，但絕對不能複製，每個人的創業過程都不會相同，要設法消化書中的知識、經驗，然後融會貫通，走出自己的路來。

原序
人生快意走一回——我為什麼永遠都在創業？

這一生，我不是正在創業，就是在準備創業中。

這一生，我從未擁有過很多錢，但錢總是在峰迴路轉、山窮水盡之際出現，在心靈中，我沒有缺過錢。

這一生，我沒有偉大的功業，但我沒有看過任何人的臉色，我說我想說的話，做我想做的事。

這一生，我沒能改變世界，但世界總是按照我所想像的方向，緩緩前進。

這一生，按世俗的眼光，我沒有令人羨慕的成就，但**我照自己的意思，快意瀟灑的過日子，我哭過、苦過、樂過，我活出我自己，我用最平凡的方式，活出我自認為不平凡的一生**。

這一切，都是因為**我選擇做我自己人生的莊家，我不願變成別人的附屬，我寧可**

自己變，也不願被別人改變。

這一切，都是因為我選擇創業，選擇用我自己的意思，營造我想要的環境，創業讓我的人生快意走一回。

這就是資本主義社會的規則，你可以創業，創業代表你準備在世界上營造你自己的王國，營造你自己的律法，營造你自己想要的一生。

這就是我一輩子持續不斷創業的原因。

過程的趣味重於結果的已知

雖然有大部分的時間我都在幫別人打工，幫老闆做事，但我知道，一旦我準備好，一旦我看到機會，我就會拔劍而起，走我自己的路，用創業營造我想要的未來。

我不確定創業一定會成功，但我很確定我不想要從開始就知道結局的人生，領一份固定的薪水，安穩的過一輩子，我不要這種平淡無趣的人生。而創業充滿未知，就算失敗也是一種有趣的未知，我寧願用有限的生命，探索變化莫測的未知，用每一分、每一秒的未知，來豐富我的一生。

這是一種選擇，沒有對錯，只要你和我一樣，重視的是過程的趣味，而不是結果的已知，創業就是你的最佳選擇。

我也不想在金錢的限制下過一生，我不想只在雜誌上欣賞人間美味，我更不想只在電視上環遊世界，我也不想遇到自己喜歡的事物，卻因阮囊羞澀而只能搖頭嘆息，創業就是讓金錢向你臣服的方法。

當然創業也未必成功，你也未必能徹底馴服金錢，但我不想這一生連馴服金錢的勇氣都沒有，好歹也要試一下。

我討厭老闆，我更討厭其貌不揚、言語乏味、才德不足的老闆，只因為他曾經放手賭了一把，從此變成你要虛與委蛇的老闆，如果這樣的人都可以當老闆，那你為什麼不自己試一下？

我喜歡自由，我想用自己的方式過生活，但偏偏資本主義社會的規則，金錢是計算自由的單位，缺少金錢就少了自由，我不能容忍失去自由，所以我選擇創業。

不創業不代表零風險

雖然我也討厭風險，我更知道創業充滿風險，問題是不創業就沒有風險嗎？二十一世紀的規則是你安安分分的打工一輩子，臨老時被最賺錢、最安穩的公司裁員，然後一生的保守謹慎，全數歸零。或者是一生的積蓄存在最安全的銀行，但銀行倒閉。

現在我很慶幸，我沒有逃避風險、選擇安定，當現在全世界處於不安定時，我用自己的方式冒險，沒有讓別人來決定我的一生。

最後，我想說，**我創業始終沒有成功，因為離郭台銘、王永慶的境界還遠得很，但這一生，我擁有自由；我，人生快意走一回。**

推薦序

創業者言——兼序〈何飛鵬的創業私房學〉

文／詹宏志

在我出版生涯的中期，我曾經說：「我寧願一年寫十二本書，也不願意辦一本雜誌。」這句話並不是故作驚人之語，而是有真實的人生體會。

在此之前，我擔任過一家暢銷週刊的總編輯；我對「週刊」（或任何定期出版的刊物）伴隨而來的「作息」，有一種刻骨銘心的感受。週刊是一種快節奏的編輯工作，我們的作息大體上是環繞著每週出刊的「週期」而進行的，生活如此，思考也是如此。後來我脫離週刊之後，驚覺工作週期對人生的影響，心生恐懼，因此有了上述的驚人之語。

除了說過不辦雜誌之外，我也說過自己「不創業」，還半開玩笑說：「做老闆最大的麻煩是不能辭職。」我說的玩笑話其實也是「肺腑之言」，如果我們自認自己是有本事的人，不怕失業，工作如果不合，自然可以掛冠求去。但創業者是「自作孽，不可活」，沒有拂袖而去的瀟灑可用了。

但上面言之鑿鑿的兩句話，在一九九六年都食言了，那一年二月，我參與了一個事業的創辦，而那個事業是一本雜誌。

熟悉後來故事的人都知道，我指的這本雜誌就是《PC home電腦家庭》雜誌，而我也因為這一次的創業，引發了後來一連串的創業，也經歷了一場像「三溫暖」般、點滴在心頭的人生體驗。而促成我這個人生重大轉變的，就是本書的作者何飛鵬。

全世界都錯了，才值得創業

一九九五年，我已經「快樂地」失業在家有一陣子了。我頗享受自己的失業生活，一方面我有較多的時間去學習我很想學習的東西，在那次辭職後的生活裡，我有機會去學義大利菜、日語，以及游泳，都是我想了很久卻找不到時間的項目；另一方面，我也不憂愁吃穿日用，因為我手頭上還能接到一些出版同業的案子，供我不求奢華的生活是夠用了。套一句李敖先生對我說過的名言：「在家看書寫作，賠錢我都幹，何況還賺錢。」（李敖先生的原文是「罵國民黨，賠錢我都幹，何況還賺錢。」）

可是有一天，電鈴響了，開門一看，老友何飛鵬站在門口（他那一邊的故事，請參看本書第三章）。他要來商量、討論出版一本「家用電腦」雜誌的可行性。我在離開原來的出版職位時，最後一件差事正好是爭取比爾・蓋茲的新書《擁抱未來》（*The Road Ahead*）的版權，我因此對電腦即將帶來的巨變讀了一點書，內心有一些衝擊與想像。一如往常，我對提出題目的朋友總是大放厥詞，言無不盡，我對何飛鵬說：「現在，辦這樣一本雜誌，只會錯在太早，不會錯在太遲。」

受了我的激勵，這位人稱「永遠的何社長」、我朋友當中真正「行動派」的何飛鵬，走離我的家門，不到一週就募足了資金。我雖然在一旁敲邊鼓，並不知道「大禍臨頭」，不知道這件工作最後會落到我的頭上，成為我自食其言的起點。

回想起來，刺激我跳下來參與（最後變成「公親變事主」）工作的不只是何飛鵬的「精心陷害」，而是源於一種「全世界都錯了」的vision。正當我、何飛鵬，以及後來的李宏麟，討論著這項工作的意義與可能性，我們腦中逐漸形成一種「想像景觀」；而當我們出外討教、諮詢時，得到的意見和看法未必一致；但想像景觀已經成形，我們多麼希望能夠付諸實現，這就是創業的動機了。

到今天我還持同樣的看法，**你一定要強烈的覺得「全世界都錯了」，才值得去創業。創業，是因為你有一個想法，渴望得到驗證。你不能只因為追求財富或追求成就去創業，那些力量都不夠，不足以讓你度過一切艱難和險阻。**而這也幾乎就和何飛鵬在書中提到的「以身相殉律」，完全一致。

創業是一點到全面的歷程

創業的起點只是一種「起心動念」，但踏進創業世界就是「一點到全面」的歷程了。很少人是準備好所有的本事才開始創業，事實上，創業所需要的「技能組合」（skill set）頗為複雜，你當然要熟知某種知識領域（domain），譬如辦雜誌的人總要熟悉雜誌；你還需要經營企業的某些基本功，譬如領導呀、管理呀、財務呀，少了一項都有可能成為某種罩門。你可能是因為「一點」而進入創業之門，但終極的你必須把自己變成「全面」的通才管理者，為的也是較好的企業發展機會。也就是說，創業要我們從「會一件事」到「會所有的事」。

創業一開始是一種「見解」，但之後就是試煉、堅忍、堅持了。

創業，有時候順利，有時候不是。或者一開始順利，然後就遇見急流，甚至我們還可以哲學一點的說：「成功，只是通往下一個失敗的過程。」你一定和某種挫折、失敗或者痛苦折磨為伍；但你有進無退，你必須持續努力，所謂「built to last」，事業的生命甚至應該超過你，當你離開了，事業還持續。

創業以後的我，生命軌跡當然是不同了，我也說不出是幸運，還是應該悔恨。但創業之後，事業本身風雲詭譎，我的確是大開了眼界，經歷了人生不曾預見的波瀾壯闊，我是不該抱怨的。但如果我能夠也給後來的創業者提供一點意見，我會說：「創業要趁早。」因為事業本身有很多轉折，有時候要有足夠的時間才看得到。我也會說：「要選擇值得做的事。」最後我也會想提醒你：「要大膽勇敢，也要戒慎恐懼。」

最後最後，如果你不想創業，不要認識何飛鵬；如果你想要躲避創業的風險，千萬不要打開這本書。（本文作者為PChome Online網路家庭董事長）

PART 1

我的創業故事

我一輩子都迷戀創業，
原來我身上流著的是父親創業的血液，
我的創業基因其來有自。

第 1 章

天真的創業遊戲

源於父親的創業基因

我一輩子都迷戀創業，卻不知道原因為何，一直到二〇〇七年母親離我而去，為了製作一本母親的紀念集，仔細回顧了媽媽與我的點點滴滴，也兼及了那幾乎完全沒有印象的父親，我才赫然驚覺，原來父親和我一樣，一輩子都在冒險，都在玩創業遊戲，我身上流著的是父親創業的血液，我的創業基因其來有自。（**創業陷阱①**）

父親在我六歲時就離我而去，所以我對父親完全沒有具體的印象。對父親的一生，只有許多偶然留下的片段，完全連不起清楚的全貌，但在這些片段中，我已經可以確定父親一生充滿了比我還瘋狂的創業冒險，以及令人驚嘆的曲折起落，在他一生的最後，更用令人窒息的方式結束，留給我們無限的哀傷與嘆息。

從小媽媽就告訴我（在父親走了之後，她獨力辛苦的撫養我們八個兄弟姐妹），這世界很公平，上半生她過了最奢華的少奶奶生活，現在辛苦求活是應該的。

南京城內的流金歲月

媽媽口中的少奶奶生活，因為父親的生意風生水起，在那個年代，我家就有賓士汽車、傭人無數，在大陸的南京，來自台灣的何二老闆（父親是老三，為何被稱為二老闆，我沒來得及問媽媽）豪邁大方，樂善好施，是南京城最知名的商人之一。（創業陷阱②）

那是在八年抗戰期間，我父母都是道地的台灣人，在日本人的統治之下，當日本人占據南京之後，父親就遠渡海峽到大陸做生意，那時有許多台灣人都做了類似的事，所以南京成了許多台灣商人的夢想之地。

父親做什麼生意？我沒來得及向媽媽問清楚，僅記得些許的片段；媽媽說當時父

創業陷阱①：創業者需要具備特殊的創業性格，冒險、好奇、堅毅、挑戰，都是創業性格的特徵。不具備創業性格的創業者，要透過學習培養創業性格，創業前請先自我探索，確認自己的人格特質。

創業陷阱②：柔軟度高，適應力強，樂於與人相處、分享，是創業者另一個重要特質，如果只會守住財富，吝嗇小氣，成不了大格局。

親做的是民生必需品的生意，南京附近的溧水縣全縣的柴米油鹽等日常必需品，全數由我父親供應，那是戰時，戰時的壟斷生意可能比一般的生意較不複雜。

總之，父親在南京賺了許多錢，而母親在第二年也趕到南京與父親會合，在年輕、瀟灑、多金的父親身邊，就近監督看來是必要的，而那八年，可能也是父母親一輩子最風光、最快樂的八年。我的三個姐姐都是在南京出生，我雖無緣跟上，但從小家中留下來的各種物品、照片，點點滴滴都見證了當年父母的流金歲月。

家中抽屜裡多的是中中交農（中央銀行、中國銀行、交通銀行、農民銀行）等四大銀行的舊鈔券，那是通貨飛漲的年代，家中有許多百萬元的鈔券，至於龍銀等舊幣，家中更是不計其數。

家中還有一塊犀牛角，小時候有一個拳頭大，那是發高燒時的退燒聖品，用個陶缽和水磨成乳白色的犀牛角水，是我感冒時常用的藥方。這塊犀牛角及陶缽在天母全村中流傳，媽媽從不吝惜這貴重藥品，「救人是好事」，當我長大時，這犀牛角已經用剩到不能用的肥皂大小。

從小我對南京的風景名勝牢記在心，因為家中有無數的照片為證，中山陵、明孝陵、玄武湖、莫愁湖、雨花台等，大姐、二姐、爸爸和媽媽都出現在照片中，我們一直羨慕大姐曾遊遍了南京這歷史名城的所有景點。

幾年前，為了尋根，我們全家組了一個旅遊團到南京，除了走遍南京的景點外，更重要的是到「遊府西街」——當年父母住的地方去看一看，只是遊府西街已變成南京的鬧區，商店林立，大姐也完全無法回溯童時的情景。

父母親的富豪時光隨抗戰而結束，國民政府接收南京，秩序大亂，父母親是倉皇逃回台灣，所有的財產都留在南京，未能及時帶回。

一連串創業冒險的開始

爸媽逃回台灣的故事和電視劇一樣精彩。當爸媽要從下關碼頭坐船回台，一切財產行李都已打包妥當，前一天晚上，南京的乞丐頭子（黑幫組織）到家中來報信：「二老闆，全南京的人都知道你明天要回台灣，從你家出門到下關碼頭，起碼有五票人要搶你，你的家丁們保護不了你，你最好不要與車隊同行，以免危險。」由於有他的警告，爸媽與三位姐姐才能夠活著回台灣。

黑幫頭子為何會通風報信？媽媽說：「爸爸為人四海，對南京下層人非常照顧，

所以他們非常感念父親。」（創業陷阱③）

爸媽在半夜三點帶著三個姐姐，先行離家潛赴下關碼頭，而車隊在早晨才上道，在碼頭，爸媽沒等到行李，只等到車隊被搶，家丁們死的死、傷的傷的消息。

父親在南京的創業冒險，用最令人驚嘆的劇情結束，也開啟了父親回台灣之後的一連串創業冒險。

回台後，父親用先前寄回台灣的一些錢，不斷地想再創南京的風光，爸爸先在台北市後車站太原路上開五金行，半夜回家，父親會先到圓環買煮好的魚翅給媽媽和姐姐分享，至今大姐對父親的魚翅仍充滿懷念，在這段剛回台的生活裡，我家還有富豪的影子。

後來父親還做了貨運行及計程車的生意，這在當時的台灣都算開風氣之先。父親仍忘不了回大陸做生意，因此包下老家天母（天母產桶柑）整山的橘子園，雇人採收、包裝，再運到大陸的南京、上海販賣。

回台後的短短幾年，父親嘗試了無數生意，但也賠光了所有積蓄，當時百業不興的台灣，父親的生意眼光無用武之地，我們何家風光的日子從此不再。（創業陷阱④）

接下來，父親的生命以令人窒息的情節收場。

父親的最後時光，變成公車司機，用上了他在最風光時學會的開車技能，為了撫養八個小孩，他夜晚還在天母的外僑社區兼職守衛。當時的天母外僑眾多，為了維護安全，外僑社區警衛森嚴，父親白天開車夜晚還要熬夜。

有一個晚上，父親守衛的外僑社區發生竊案，這在當時的天母是件極為嚴重的事，因為政府對於外僑的安全極為重視，警察被要求限期破案，不幸的是，竊案發生當晚正好是父親值的班。

天母的巡官找父親問話，雖問不出名堂，但急著破案的巡官找來一隻鞋子，說是在外僑社區的現場找到，應該是作案的小偷遺留，巡官要父親試穿，又暗示說這鞋子是公車駕駛習慣穿著的式樣。

巡官的指涉不言可喻，愛惜羽毛的父親一輩子沒受過如此奇恥大辱，在隔天晚

創業陷阱③：財富是一種原罪，創業有成，有了財富之後，要更加謙虛，更加包容，尤其不能得罪辛苦人與窮人，這會有報應。

創業陷阱④：創業不能與環境為敵，當外界環境不佳時，要能忍耐、要能保守，不可在環境不佳時，勉強啟動生意，父親急著複製南京的經驗，在當時的台灣是行不通的。

上，又輪到他守夜，就在外僑社區的一棵大樹上，上吊自殺以明志。

在當時的天母，這是驚動全村的事，村人們群情激憤，每個人都知道父親熱心、正直，雖景況落魄，絕不至於如此不堪，而父親留下的絕筆書，也說明了他的憤怒與絕望！

這件事差一點變成台灣人和外省人的糾紛，鄉親們解釋成一個外省巡官欺負善良老實的台灣人，把人逼成自殺。（**創業陷阱⑤**）最後警察道歉，平息了父親的冤屈，但留下我們八個小孩，伴隨母親一起度過艱苦的成長歲月。

父親一生勇敢冒險，高潮迭起，這些故事都是在二〇〇七年母親過世時，我們兄弟姐妹一點一滴拼湊起來的劇情，我終於知曉，原來我的創業精神來自父親，我的身上流著父親冒險的血液，而我也以父親為榮。

我這一生所有的努力，其實都只在「無愧於所出」，希望不要辱我父母一生的教誨。在我家的祖先牌位中，供著八個字：孝悌忠信，禮義廉恥。這是我家人一生的信仰，父親用生命維護他的聲名，我更用我一生的行為，維護何家的教養。

何家的創業「家家酒」——合家歡青年商店

我的創業冒險，從很年輕就開始，而且源於台灣社會變遷的偶然。

我在政治大學念書的時候，台灣的農復會（台灣農委會的前身，負責台灣農業的推廣）為了改善傳統市場的髒亂，強化生鮮蔬菜、肉品的銷售，提出了構建新通路的計畫，要在社區中推廣建立小型超市，並結合了青輔會的力量，對有意創業的青年提供協助，這計畫被稱為「青年商店」，也是一九七〇年代初期，台灣市場掀起的第一次通路革命。

說是我創業，不如說是我家兄弟姐妹的一次集體創業行動。首先被這個機會吸引的應該是我的二姐和二姐夫，他們在家族聚會時提出創辦「青年商店」的構想，很快

創業陷阱⑤：上天欺負可憐人，屋漏偏逢連夜雨，在處境艱難時，更要小心謹慎。創業失手時，所有的厄運可能連續降臨，創業者要有心理準備，不可想不開。

獲得大家的認可並立即展開行動。（創業陷阱⑥）

創業的方法也很簡單，大家有力出力，有錢出錢，創業的幾百萬資金全是幾個姐姐、姐夫湊起來的，開店的地點在大姐夫位於天母蘭雅，靠近大葉高島屋百貨附近的公寓一樓，用了兩個店面，而創業者是我，因為申請青年商店的條件要年輕與學歷，所以我變成出名申請的創業者。（創業陷阱⑦）

印象中，青年商店像變魔術一樣，很容易就開幕了，我只參與了其中幾項工作：向政府機關填寫申請開設、參與採購冷藏櫃和貨架、協助店面規畫與進貨，以及取了一個店名：「合家歡青年商店」。

創業前的充分評估

冷藏櫃和貨架是青年商店最重要的生財設備，在之前我完全不知道開設一家店要多少錢，一直到購買冷藏櫃時，我發覺如果要符合政府能販賣生鮮蔬菜、肉品，要幾座開放式的冷藏櫃及冷凍櫃，整個價格竟然要大約兩百萬新台幣，我才猛然覺醒，青年商店總投資金額竟然高達四、五百萬，那是一個我當時很難理解的天文數字。（創業陷阱⑧）

我及姐夫們按著政府提供的廠商資料，一家家的詢價、研究，才發現原來其中有許多的學問，不同的外型、功能、耗電量與價錢，我也不知道如何選擇，就被最積極推銷的廠商牽著鼻子走，花掉了最大的一筆錢。貨架也是如此，雖然我親自跑去看生產廠商，那是一家位在台北市重慶北路的小工廠，我發覺老闆也是在政府推動青年商店計畫時，才嘗試生產貨架，心中雖有些擔心，但由於這是距離最近的廠商，也就買了他的陳列架。

創業陷阱⑥：創業是重大的事，要深思熟慮而行動，絕對不可以衝動，尤其不應該是一群人集體的一時興起，許多人一起投資一個案子，大家的情緒互相感染，每個人都以為別人已經徹底想透，也都以為別人可以負責，而事實是沒有人想清楚，也沒有人負責，創業的集體行為很可怕。

創業陷阱⑦：創業絕不可以遷就現實。尤其經營零售業，地點可能決定成敗，當時青年商店的店址，是個沒開發完成的社區，是不適合開店的。

創業陷阱⑧：創業之前要有精準的財務試算，對所需的總資金要清楚預估，創業者要事先準備完成，我當時的狀況，完全是個外行，對財務沒概念，根本不該創業。

在自己開了店，也參觀了別人開的青年商店之後，我發覺我們所買的這兩項設備都不是最好的，還有其他更好的設計、更好功能的商品，我竟然在未充分比較分析下，就做了決定。（創業陷阱⑨）

店面規畫則是另一項大學問，由於大姐夫的房子有兩個相連的店面，所以我們決定打通中間的隔間牆，開家比較大的商店，也因為如此，在動線規畫時，煞費苦心。

我決定把店門開在較不明顯的店面，而讓另一個位置較佳的店面封閉，變成落地窗陳列貨品，試圖讓過往行人能看到豐富的貨品而走進店來，進來之後也能走完全店，而最重要的生鮮食品冷藏櫃也放在封閉的店面，那是全店最深的位置，以吸引客戶。

至於店面的規畫、貨品陳列，我也用直覺把貨品分成幾個大類別：生鮮食品、一般雜貨與日用品等，分別歸類陳列，在開店的頭一年，我最常做的事就是改變陳列，搬動貨品位置，看能不能達到促銷的效果。

存貨與銷量的迷思

進貨是另一項大工程，當市場傳出我們要開青年商店時，所有的供應商都自動上門，我每天都會遇到各式各樣的供應商：有大公司的營業員，有一般中盤商，也有個別的小個體戶，我就像劉姥姥進大觀園一般，變成「老闆」，每一個想賣東西給你的人，都會想盡辦法來取悅你，給你一些建議，當然也會設圈套讓你上當。（創業陷阱⑩）

到現在我都還記得當時最慘痛的進貨經驗，有一家洗衣粉廠商叫「藍寶」，雖然不是一線品牌，但營業員非常認真，努力推銷，他們當時推出了一個超大包裝，應該是二十公斤像水泥一樣的紙包裝，而且售價較便宜，進貨也有極大的數量折扣，一次進五十包一個價錢，進一百包再降價，兩百包又再降價。

創業陷阱⑨：創業時最重要的投資，可能是生財設備，可能是房屋等，都要仔細比較分析之後，確定是價格最優惠、效能最佳，才能下手購買，這可能決定創業的成敗。

創業陷阱⑩：創業者是老闆，每個人都會取悅於你，希望從你手中得到好處，創業老闆一定要加強心防，絕不可以在被奉承之後就忘其所以，錯下決定。

這位業務員不斷稱讚我們店的地點好、店面大，開店一定生意好，最適合販賣這種大包裝的產品，所以鼓勵我們一次進大量，這樣可以享很大的進貨折扣，獲利也比較高。

我開始想像產品毛利可以高達三成以上，這是多好的利潤呀！當時一般商品的毛利大概百分之十六左右，就是所謂「買十賣十二賺二」的標準模式：進貨一打十二件，零售價就是把進貨價除十，賣完十件就收回成本，另外兩件賣掉就是淨賺，最後我們決定進了不可思議的大量，約略是三百包左右，沒想到這一批貨我們賣了三、四年都沒有賣完，那真是一大悲劇。（創業陷阱⑪）

「合家歡」背後的創業大忌

至於店名，也經過了幾次的轉折，本來想用地名，取名天母，或者蘭雅（當地里名），但都不出色，也考慮用路名——中十二路，是個很怪的路名，也不妥當，本想取個文雅飄逸的名字，但開的是世俗的現代雜貨店，也不合適，姐姐們說：「你會讀書，你去想個好名字。」

我腦筋一轉，這不是我們一家兄弟姐妹們的創業合作實驗嗎？我們一起投入、一起工作，這不就是闔家歡樂嗎，那就叫「合家歡」青年商店好了？這個名字得到大家一致的認同，也是我第一次創業時得意的事。

只不過這個名字的背後，隱藏了創業的大忌，也注定失敗的命運。（**創業陷阱⑫**）

合家歡青年商店就這樣熱熱鬧鬧的開幕了，這在當時的天母算是新鮮事，對我自己也是極新鮮有趣的事，坐在收銀台結帳，應付客人，我覺得自己像個掌櫃，廠商進貨點貨，上架陳列，我就是店員；拿起掃把掃地，拿起抹布擦灰塵，我就是小弟。每到晚上關店門結帳，那是最興奮的事，記得當時一天大概只有六、七千元的營業額，可是對我而言已是天文數字，偶爾有一天超過一萬元，我幾乎要興奮得大叫，有時候

創業陷阱⑪：好賺、毛利很高，當然是生意的理想狀況。但是好賺的產品，一定要能賣得掉，才是真正的好生意，一般而言，好賺的生意背後一定有陷阱，務必想清楚。

創業陷阱⑫：家族生意是最麻煩的生意，因為每一個參與者除了是生意夥伴之外，還有親人的身分，因此很難用是非對錯來評斷，因此有錯很難檢討、改進。在我日後的創業過程中，我不敢讓家人參與。

為了達成一個目標，我還會刻意把店開得晚一點，看能不能多做幾百塊錢的生意。

要有破釜沉舟的決心

我不知不覺趕上了台灣第一波的通路大革命，傳統市場、傳統雜貨店、百貨行正要隨著台灣生活的改變，過渡到便利商店（convenience store）、超市、購物中心，而青年商店正是啟動第一波革命的過渡模式，它是便利超商的前身，卻販賣生鮮食品，它規模小卻五臟俱全，它都開在巷弄之間，採開放式陳列，這些都突破了傳統，而我就是這第一波的弄潮兒，只不過對還在大學念書的我而言，這只是兼差式的創業，終沒能開創出一番事業。（**創業陷阱⑬**）

前半年的創業時光新鮮快樂，趣味橫生，但半年之後，就開始遇到困難。因為每天都收到現金，前三個月的現金都增加，而「月結開兩個月支票」的付款方式，前三個月除了少數的現金支付外，都不需要付款，再加上原來手中就準備了周轉金，所以前六個月完全沒有資金問題。

半年之後開始感受到資金的壓力，一開始是發現手中現金越來越少，最後在每個月的十日、二十五日的付款日，變成需要借錢周轉。（創業陷阱⑭）所謂的借錢周轉就是姐姐、姐夫們誰有錢就先跟誰調度，但之後借款周轉變成常態，而「合家歡」也變成我們何家共同的災難。

當時，這家店沒有財務報表，只有金錢進出的流水帳，知道每天收入多少、每月支出多少，但完全不知道賺多少錢，或賺不賺錢，但從不斷周轉軋支票的情況，我約略知道是賠錢的。

雖然面臨這樣危難的處境，我們並沒有從最基本的經營面下手檢討，我還一廂情願的認為，如果營業規模擴大，說不定會因量變而質變，所以「合家歡」青年商店還一度擴張，在天母、石牌附近曾經同時開到三家店，可是表面上的熱鬧，抵不住內部

創業陷阱⑬：創業絕對要破釜沉舟，要以身相殉，兼差式的創業，腳踏兩條船的創業，有退路的創業，通常會失敗。

創業陷阱⑭：資金是創業過程中最重要的籌碼，也是最重要的經營指標，每天都要檢查資金的變動，而且要根據資金的變動，採取必要的因應作為。必要時還要做較長期的財務試算，因為資金要未雨綢繆，不可以等到資金不足時才去張羅。

實質的經營不善。（創業陷阱⑮）

面對錯誤是成功的基本態度

其實當時我只要用很簡單的財務觀念，就可以針對青年商店的營運實況進行檢討，很容易發覺其營運架構是不成立的：

一個店每個月的固定開支約略如下：人員薪資四萬元，房租約兩萬元，其他的雜支約二至四萬元，估計每個月固定支出約八萬到十萬元之間。

每月營業額約三十至四十萬元，商品平均毛利在兩成至兩成五之間，所以每個月的毛利約在七萬到十萬之間。

這樣的營運結構，運氣好的時候可能單月平衡，可是大多數的月份都要賠錢。

這麼簡單的財務試算，當時仍在念書的我竟然沒有想清楚，還一直在玩開店創業的遊戲，當然這也是姐姐、姐夫縱容我的無知，讓我在合家歡中盡情揮霍，容我用「揮霍」這兩個字，因為那根本是不計損益的生意，只能是個家庭創業的「家家酒」，完全是個錯誤的過程，花了很多錢、犯了很多錯，但我從沒被檢討，更沒被處罰。

所幸，我因為還在念書，後來當兵入伍，當然就和這家青年商店漸行漸遠，不再過問青年商店的經營。

不過這家店存活了非常長的時間，後來變成家族中其他成員接手，但是前面所描述的困難似乎一直沒改變，這家店我們投入了數不清的金錢，還有許多人的青春，問題是我們沒學到教訓，現在寫出這段歷程，算是我個人的檢討與懺悔吧！（**創業陷阱⑯**）

許多年後，這家店直接轉租給某一家超級市場，從他們的營運看來，應該有不錯的成果，這證明了我們完全是不專業的經營，最後當然是一場悲劇。

創業陷阱⑮：當創業發生困難時，真正該做的事，是針對問題徹底檢討、徹底改進。而不是假設一個可能的解決方案，就一廂情願的去執行。一旦解決方案無效，會加速失敗。

在困難時，只能用減法，降成本、減規模，不太能用擴張的方法改善經營困境，在困難時擴張，百分之九十一定是錯誤的。

創業陷阱⑯：創業一定會犯錯，犯錯不可恥，但犯錯一定要檢討，要學到教訓。沒有檢討，沒得到教訓的錯誤，才是最可怕的創業殺手。

許多創業者失敗時，只會怪罪別人，不敢承認是自己的錯，這種人永遠不能成功。

媒體新玩具——《陽明山周刊》

我的第一次創業遊戲「合家歡」青年商店在不明就裡中劃下休止符，但我並沒有就此停止創業的想像，在我預官退伍之後，成為中時報業新創刊的《工商時報》的記者，這時候我又找到另一個新玩具——社區報紙《陽明山周刊》。

一九七九年，台灣的新聞局為了強化地方社區營造，鼓勵每一個鄉鎮創辦社區報紙，因而吸引了無數的媒體工作者，回到自己的家鄉創辦社區報紙。台灣一時籠罩在地方的社區報紙風潮中，高雄美濃、台中、台北木柵、宜蘭等地區，都有社區報紙的出現。

我的老家在台北天母，而天母的周邊——士林、北投早期都隸屬於陽明山特別行政區，我從小在這個區域裡長大，因此在這個地區辦一份社區報，又成為我擋不住的誘惑。

我又複製了另一個合家歡的錯誤經驗：（一）這一次我又是跟著政府的政策創業，上一次是農委會，這一次是新聞局；（二）我又向姐姐和姐夫們募款，我自己沒有錢，但寵我的姐姐與姐夫們不忍潑我冷水，又陸續拿出錢來讓我創業；（三）我又一樣沒有全力以赴的創業，上一次我還在大學念書，這一次我還在報社上班，創辦《陽明山周刊》還是利用上班之餘的創業玩具。（**創業陷阱⑰**）

再多的好運都改變不了失敗的結果

要新創事業真是容易，有了啟動的資金，我很快就組成了營運的團隊：文化學院（現在的文化大學）就在士林，我很容易在文化學院的新聞系找到許多在學的學生，成為我的工讀採訪記者，他們年輕，要求無多，便宜好用，我又藉著在報社上班的經驗，找到一個編輯，成為《陽明山周刊》的後台主編，而我自己則是總經理兼總編輯，有了人，要印出一份週刊當然是水到渠成。

創業陷阱⑰：政府一向是創業的外部環境變因，政府的政策與資源投入會改變市場、創造需求。但在台灣，政府的政策經常只是空洞的口號，因此在配合政府政策採取創業行動時，要注意政策的有效性，否則跟著空洞的口號走，不會有好處。不論是青年商店或社區報，事後證明都是空洞的口號。

這時候，我又遇到另一個機緣，透過大姐夫的關係，士林的在地事業士林紙業的老闆陳朝傳先生，聽到有人要在士林辦社區報紙，非常認同，他很慷慨的免費提供在士林街上的一戶公寓，作為《陽明山周刊》的辦公室，當時的我覺得真是好運，一切都這麼順利。（創業陷阱⑱）

前幾個月，我興致高昂的做我的總編輯，規劃題目，指揮那些工讀記者進行採訪，寫稿改稿。剛剛成為報社記者的我，一下子就變成週刊的老闆、總編輯，玩起我的媒體大夢。

記得第一期《陽明山周刊》進行最後的編輯時，我的主編（《工商時報》的兼職同事）在最後組版時，因內容太多，標題放不下，沒有用刪稿來解決，而是取巧的擠出空間放下標題，以致標題歪歪斜斜不平整，我不滿意的指責，令他十分不愉快，覺得我這個老闆的架子太大，因而發生爭執。最後我只好妥協，息事寧人，這是我第一次感受到老闆不好當，人不好管。（創業陷阱⑲）

週刊很快就印出來了，看到第一期的創刊號，我十分興奮，感覺一個有影響力的媒體就在我手中誕生了。可是當週刊印出來之後，問題也就跟著來了，要給誰看呢？我決定先贈送，可是怎麼送出去呢？我動員了工讀生在鬧市分發，我也想夾報派送，可是夾報又要費用，我心中十分不平，為什麼免費送人看，還要賠夾報的工錢？我這才感覺到問題嚴重，我要如何找到收入應付開支呢？

廣告當然是另一個想像，那時候我還在《工商時報》上班，也負責廣告業務，理論上我應該發揮此一專長，自己親力親為做廣告，但是我沒有這樣做，我訓練兼職工讀生嘗試去做廣告，但這件事也一直沒有成果，印象中一直到《陽明山周刊》停刊，我們好像只做到幾萬元的廣告，而且好像都是讀者看到週刊，自動打電話上門刊登，靠業務能力完成的廣告很少。（**創業陷阱⑳**）

創業陷阱⑱：創業過程中，如果有人拔刀相助，應該感謝，但絕不可以因此而懈怠，因為再多的外在協助，改變不了自己的無能與無力。《陽明山周刊》就因我自己沒準備好，別人的協助也無用。

創業陷阱⑲：創業的核心因素是自己全力投入，如果自己沒有全力投入，而且所有的工作者也是兼職性質，注定要失敗，《陽明山周刊》就是如此。

創業陷阱⑳：我對廣告熟悉，如果當時我能自己做出一些廣告，然後再訓練團隊，也做出廣告，這是《陽明山周刊》唯一可能存活的方法，而我自己做不到，當然也不可能有任何人能做到。創業初期，許多事老闆一定要自己先證明可行，創業才有可為。

經過了前三個月的創刊興奮期之後，《陽明山周刊》又變成我的痛苦，我發覺我沒有能力照顧所有的事，於是我又想如果有更好的人才加入，這個刊物可能會起死回生。於是我又從報社找到一位非常有經驗的高級主管，他是名記者，來當《陽明山周刊》的總編輯，我還找了一位非常有經驗的報紙廣告代理商，看看能不能來替週刊做廣告。

我在面臨困難的時候，又花錢請更高級的人力，嘗試改變，不過很快就證明這又是另一個錯誤，內容的改善要反映到發行收入的增加，是緩不濟急的事，而廣告可立即增加收入，但這位代理商來瞭解狀況後，立即就發現不可能有錢賺，人家也就打了退堂鼓，我的變法完全落空。

壓垮駱駝的最後一根稻草

在面對困難時，我的性格弱點完全暴露，我開始逃避、退怯、自我欺騙，我給自己找到了一帖完全不負責任、不可能有效果的藥方：努力上班，在《工商時報》多做些廣告，多拿些佣金，看能不能多賺點錢，來挹注《陽明山周刊》的開支。

我放任這些工讀生們自己做，自己越來越少進週刊的辦公室，好像只要我不進辦公室，《陽明山周刊》的困難就好像不存在一般。（創業陷阱㉑）

出借辦公室的陳朝傳先生，有一天心血來潮到週刊辦公室看一看，他看到的是凌亂不堪的景象，那幾乎是沒有人管理的組織，他非常失望，於是決定收回辦公室。

這件事等於是壓垮駱駝的最後一根稻草，我藉機將事業自我了斷，週刊停刊，我自以為負責任的清算了所有的開支，再拿出一些錢處理善後。

我始終沒有計算《陽明山周刊》這個「玩具」總共花了多少錢，直覺的估計，大概幾百萬跑不掉，天呀，在一九八〇那個年代，幾百萬是多麼昂貴的代價！

我還是要感激我的姐姐和姐夫們，這些都是他們出的錢，他們從來沒有任何抱怨，就縱容我這個弟弟玩掉了他們辛苦賺來的錢，而我也沒有任何道歉、感謝，文化人自以為是的個性，大恩不言謝，我以為只要放在心裡就可以了，這當然又是我的另一個錯誤。

創業陷阱㉑：創業遭遇困難時，創業者的逃避及拖延，是創業失敗的預告。你如果開始逃避，開始替自己找理由，那就應該自我了斷，因為你自己已經投降了。

這次的創業結束和青年商店不同，青年商店有許多人投入，借錢也有人分擔，我好像不太需要扛下所有的責任。但《陽明山周刊》不同，起心動念的是我，主事者是我，負責人是我，所有人都看著我，我責無旁貸。所以事後我真的還自我檢討了一番，大概知道自己犯了多少的錯，也讓我在下一次的創業中避免了一些錯誤。

第 2 章

準備與陷落

拿別人薪水，學創業本事
——全心當記者，看盡商場百態

一九七八年初，我在《中國時報》上看到《工商時報》創刊，要招考記者的消息，我的心開始悸動，我的記者夢一發不可收拾。

當時我正在好不容易才考上的國泰人壽受訓，在淡水山上的國泰人壽教育中心進行最後一個月的訓練，但當我看到《工商時報》招考記者的消息，就偷偷去報名了。

偷偷去報名是不能讓國泰人壽知道，因為這家公司不可能容許有人有二心，而我當時還沒有被正式任用；另一個必須偷偷的原因是媽媽，我好不容易才找到工作，而且是大公司，當「記者」？媽媽說那不是「乞丐」嗎？（台語的記者與乞丐發音很像，而社會上的印象，記者騙吃騙喝，素行不良，不正是乞丐嗎？）

應徵的過程經歷了波折，報社的要求是國文、英文的在學成績都在八十分以上才能報名應徵，最後還要正式筆試及口試後，才能錄取。而我大學玩四年，所有成績都是低空掠過，沒有一科的成績超過八十分。

我不服，既然要考試，為何要限成績？我不能讓這不合理的規定，斷絕我的記者之路。

我左思右想，決定冒險一搏，我塗改大學的成績單，把國英文都改成八十分以上，然後再影印、清除塗改的痕跡，用影印本寄去報社，看看會有什麼結果。

沒想到順利闖關，報社雖要求成績單正本，但用影本他們也接受，接著我就一路過關斬將，筆試與口試都不成問題，一九七八年八月，我正式跨進報社大門。

上班的第一天，我忐忑不安，生怕塗改成績的罪行被揭穿，最後我決定去向主管坦白、自首，沒想到主管完全不以為意，原諒我的自首坦白認錯，我終於可以安心了。（**創業陷阱㉒**）

或許我是天生的記者，很快就成為報社的明星，我在兩個月之內，從最不重要的採訪路線，一路轉換到最重要的路線，在《工商時報》創刊後的幾個月內，我兩天一小欄，三天一大欄（小欄指的是短的署名評論文章，大欄則是兩千字以上的長篇評

創業陷阱㉒：出書前，公司的法務提醒我，要把偽造文書的事實寫這麼清楚嗎？我想了一想，既然要分享，就要坦白，每個人都要真誠面對自己過去的不堪，才有機會重來。掩飾只會讓自己迷惑，這是我年輕時面對障礙的莽撞，後來依循法律變成我最低的自我要求。

論，這代表記者的績效），我春風得意，自在優遊。

我快速成為明星記者的原因很簡單，我興趣高昂、全力以赴，記得第一天出去採訪，我八點就出門，騎著摩托車，一天就拜訪了八個單位，除了中午在路邊攤吃碗麵之外，完全沒有休息，那天還下著微雨，我不喜歡穿雨衣，我的衣服濕了又乾，採訪對象看到我嚇了一跳，每個人都說：「沒看過記者這麼認真。」事實上那個年代確實沒有記者在早上出門的。

我另一個快速進入狀況的奧祕是：每天把對手報——《經濟日報》，從第一頁讀到最後一頁，從第一個字讀到最後一個字，而《經濟日報》幾乎是台灣商場的縮影，從財經大事到產業新聞，到工商新聞到廣告，不管是不是與我的採訪路線有關，我都覺得好有趣，怎麼什麼生意都有人做？尤其是許多小廣告，更透露出底層商場社會不為人知的實況。

我這樣囫圇吞棗的閱讀，讓我在兩個月之內幾乎變成商場通，對於台灣商場的公司、人物、行業都耳熟能詳，當然在採訪上也無往不利，不論什麼行業，所有的背景我都可以立即上手，我變成同事的萬事通，任何問題我都能回答。

至於記者最主要的工作：寫文章，對我更是容易，我全盛時期的寫作速度在每小時三千字以上，那幾乎是全無思考、毫不停頓、下筆而就的狀況。我覺得我找到自己喜歡的工作。

從記者轉變為銷售員

可是做記者沒多久，我立即遭遇人生的另一個抉擇，因為《工商時報》內部的權力鬥爭，我的直屬長官要離開編輯部到廣告部去工作，這原本和我無關，但這位老記者要給編輯部的新主管難堪，他要帶我這個明星記者離開。

可是新任的編輯部主管也不斷的留我，希望我別離開，我面臨了兩難；老長官的情義，新主管的認同肯定，而我自己是喜歡採訪工作的，我該怎麼辦呢？

我決定選擇情義，再加上我心中永不停息的創業之火，我告訴自己，未來我要做媒體，有機會歷練媒體中的各單位，絕對是好的。就這樣，我從寫新聞變成賣廣告，從記者變成銷售員。（**創業陷阱㉓**）

創業陷阱㉓：創業家不能不會銷售，如果你沒有銷售能力，你不會「叫賣」，你就不該創業。所以在創業之前一定要先學會銷售，學會販賣自己、販售產品。

其實我不怕賣東西，因為在國泰人壽我賣過保險，受過完整的銷售訓練，我知道銷售技能一定是人生最重要的能力，現在我又用上了！

我沒當太久的廣告銷售員，總經理就把我升為主管，專門負責籌辦各種大型的行銷活動，在這之前，中時報系很少辦活動，但在《工商時報》創刊初期，為了推廣，開始會舉辦不同的活動，而我就是實際執行的人。

我辦過時報服裝展（秀）、時報資訊展、時報房屋展，我是專案執行人，從規劃、徵展、執行，所有細節我一力承擔，我從一個沒見過世面的人，變成面對再大的場面，我都不害怕，而且有把握完成。

培養出超強危機處理能力

每一個活動幾乎都高潮起伏、峰迴路轉。記得在做房屋展時，我們包下了榮星花園，在戶外建樣品屋，讓購屋的人一次可以看許多建案，但正值不景氣，所有的建設公司都在觀望。當時最大的兩家建商國泰建設與太平洋建設剛開始都不參加，而其他中小建商則說，只要這兩家公司參加，他們才願意配合，我不得已只好想盡各種辦法說服這兩家公司，結果在最後一刻才完成任務。

在辦服裝秀時，參加廠商中興紡織公司要求要找到儀隊，穿上他們正在推廣的休閒衫上台表演，但一直到正式表演的前兩天，我還是沒找到儀隊，我非常沮喪，因為長官交代的任何事我從來沒有失手，而那一次眼看就要出事了，我決定回去向總經理請罪，也請總經理協助解決。（**創業陷阱㉔**）

就在回辦公室的途中，我看見開南商工的學生，靈光乍現，開南會不會有儀隊？我立即開車轉到開南商工，找到教官，感謝老天幫忙，他們真有儀隊，我又使出渾身解數，請教官幫忙，再附送每個學生兩件休閒衫，教官外加一塊西裝料，教官終於同意，並在第二天召集學生操演，第三天晚上如期在中華體育館上台表演。每一次我都是在這種驚險中一關關突破，這練就了我超強的危機處理能力。

在業務單位，我摸熟了生意的各種竅門，也讓我對媒體經營得到更大的體會。

創業陷阱㉔：解決問題的能力，是創業家必須具備的條件，創業過程中一定會遭遇各式各樣的困難，創業家要能自己設法解決，如果真的不能解決，也要立即尋求外力的幫助，不可以把困難留在當下，因為不解決的困難會使創業計畫解體。

在廣告部一年七個月後，我決定重回編輯部當記者，在廣告部總經理的引薦下，我回到當時如日中天、號稱台灣第一大報的《中國時報》，在第一大報的招牌下，我開啟了與所有知名企業家請教與學習的機會。

大量學習，強化創業的認知

在《中時》我負責採訪經濟新聞，路線是「企業界」，這是無限寬廣的路線，全國各種產業、數十萬家企業都是我的轄區，我要如何採訪呢？

我自己設定目標，自己找答案，我從最大的行業著手：紡織、石化、水泥、汽車、家電……，我再從最大的公司下手瞭解：台塑、台泥、裕隆、大同、聲寶、統一……，我找各種機會採訪這些大老闆們，看看他們如何創辦事業，如何經營事業。（創業陷阱㉕）

對每一個大老闆們，我都有多次近身採訪的經驗，每個人都表現了不同的特質：台塑的王永慶精明、樸實、執行力超強；台泥的辜振甫溫文儒雅，毫無銅臭味；裕隆的吳舜文理想遠大，也有上海人的海派；家電業的老闆則普遍較本土而苦幹，大同的林挺生、聲寶的陳茂榜、歌林的李克峻等都類似，我把握了做記者的機會，努力探索他們如何創業。

我發現他們共同的特質是趕上了台灣經濟起飛成長的潮流，在一九五〇、一九六〇年代，台灣的出口替代政策讓經濟快速成長，而這些大企業都在這波浪潮中，把握機會茁壯。

而他們的壯大也與政府政策息息相關，台塑因尹仲容的石化政策，汽車也受到政府的長期保護，而所有的出口行業也都在政府出口退稅的獎勵下，加速發展。所以瞭解政府的政策動向，是另一個成就事業的關鍵。

苦幹實幹、努力不懈是這些大老闆另一個共同特色，扣除辜振甫等世家子弟以外，每一個創業家都有一段非常艱辛的創業起步期。

而每一個人的個性都不同，這讓我體會到每一個人都有機會成功，只要你努力。

創業陷阱㉕：創業是學出來的，也是摸索出來的，一方面下決心創業，一方面學習，一方面搜集資料、訊息，是創業的必須過程。千萬不要一頭栽進某一個行業中，而不知道觀察外界的變化。我努力觀察台灣這些大老闆們的經驗，以強化我對創業的認知。

從世界潮流中，學會經營之道

近身觀察是最佳的學習，尤其當我又是有心探索，我看盡了每一個大老闆的奧妙。不過，讓我學最多的反而是在一些中小企業小老闆身上，他們有的尚在起步，有的小有成就，有的正遭遇困難，他們的經驗對我而言最可貴，也最可學習，因為大老闆的層次早已不是我這個小毛頭能想像。（**創業陷阱㉖**）

在這一段記者生涯中，另一個重要的學習是經濟的專業素養與管理知識。

我對台灣的經濟發展做了一番自己的解釋，台灣從國民黨遷台以後，先發展本土農產品，再進行進口替代，讓本土工廠生產簡易的工業品，以替代進口品；接著推動出口政策，然後再逐步升級，從勞力密集到資本、技術密集的產業，這是台灣經濟的軌道。

而這其中創業家會歷經機會大轉換，早期的台灣富豪如陳查某等是農產品貿易商；而六〇年代以後變成製造業當紅，所有從事製造業的企業家都快速致富；再到七〇年代以後，則轉向高科技，這又是另一個大轉換。

我學到的是體會潮流變動，比自己努力埋頭工作還重要。

在趙耀東當部長時，台灣面臨第一次的石油危機，那段時間，全台灣籠罩在企業轉型、內部整頓、成本降低、生產力提升的大浪潮中，而我卻學到所有經營上的基本知識。

在經營困難中，所有的企業開始檢討策略，檢討開源、節流，檢討降低成本、提升效率，經濟部的自動化服務團、節能服務團、生產力中心，這時候都變成企業改造的火車頭，我在第一線的採訪中，漸漸理解企業經營內部一些不為人知的細節。

而認識許多本土的管理學者，也開啟了我探索管理的大門，許士軍老師、王志剛老師、司徒達賢教授以及許多企管名師，他們的課程、演講也是我透過工作的一種學習過程。（創業陷阱㉗）

創業陷阱㉖：大企業家、大老闆們的經驗固然可貴，但有時會讓剛起步的創業者消化不良，因為情境落差太大。所以觀察同樣是剛起步的創業者的經驗，更有針對性，也更具實務的參考價值，就算是擺地攤的小販，有時候也會有啟發。

創業陷阱㉗：許多創業者從來不讀書，因為忙在工作中都已經來不及，這是絕對的錯誤。書是人類社會最寶貴的資產，會從書中找答案的創業者，會少走很多冤枉路。

記者生涯中，另一個重要的收穫則是看盡人間的冷暖，在第一、二次石油危機中，台灣都發生企業倒閉風潮，我看到許多大老闆在一夕之間崩塌，看他們如何應對，也看世界如何對待失敗者。

「經濟罪犯」是當時的流行語彙，經營不善一走了之，留下債務逃避國外，這是最不堪、最無恥的做法，當然也有人願意負責，努力面對債務，但大多數也無法東山再起，徒留遺憾。

我學到經營事業不能有絲毫犯錯，一犯錯可能從此冤沉海底。

一直到我離開報社，我雖然領別人的薪水，但都在看這些老闆怎麼做，當時雖沒有明確的創業決心，不過心中澎湃的思潮從未停止。

深陷地獄門——創辦《商業周刊》

如果這個世界有舒適圈（comfort zone），那我在《中國時報》當記者的最後三年一定是舒適圈，那時我是財經新聞的主管，帶領七個人的團隊，以當時《中時》的聲勢，我是全台灣企業都需要公關的對象，所有人對你表面的奉承逢迎，很容易讓人迷失在五光十色的糜爛生活中。

每天中午、晚上都有應酬，知名企業期待你多瞭解他們，多寫些好的，吃飯變成理所當然。到了下午我會找個地方洗三溫暖，傍晚才到經濟部看一看，那是我唯一的採訪單位，晚上回報社、看稿、發稿，下班後又是吃宵夜，深夜才返家。（創業陷阱㉘）

這真是消磨志氣的舒服日子，所幸在三十四歲時我做了明智的抉擇，離開舒適圈，走向創業之路。

創業陷阱㉘：舒適圈對個人成長是個大麻煩，安逸的日子過久了，什麼事也不能做了。如果你現在不到四十歲，更應該知道舒適圈是你最大的敵人，而創業最大的障礙也是要突破舒適圈的限制。

我沒有一離開報社就創業，我選擇一本財經雜誌擔任總編輯，但很快迎來了媒體開放的大時代，我也投身眾聲喧嘩的洪流中。

離開《中國時報》的第二年——一九八七年，這是台灣過去數十年歷史中最關鍵性的一年，也是蔣經國總統逝世的前一年，在蔣經國臨終前，他為台灣定下了自由、民主、開放的制度，一連串的劇變在這一年發生。

遠離舒適圈，走向創業之路

一九八七年二月，開放黨禁，民進黨正式成立，這是台灣走向兩黨政治的開始。四月，開放報禁，數十年來一潭死水的媒體，從此沸騰起來，從報紙到有線電視，到網路，台灣走向楚門的世界，所有的好事壞事都在媒體的監控中。

五月，台灣宣布外匯管制開放，六月並正式宣告每一個人頭一年可以匯出五百萬美金，努力賺錢，累積巨富，但出不了台灣的金錢，從此可以在全世界流動，台灣變成經濟自由的地方。

同年的三月，幾個《中時》的老朋友，在黨禁、報禁開放的鼓舞下，創辦了《新

新聞》週刊，並喊出「自由報業第一聲」，我深受鼓舞，大丈夫當如是，只是政治非我所長，所以並沒有加入。（創業陷阱㉙）

可是當五、六月宣布外匯管制開放時，我知道我的時間到了，因為全台灣都發生翻天覆地的變動，而財經商業的劇變也將從資金的自由流動開始，用月刊詮釋台灣的變動已經不夠，一本商業性的週刊時代來了。

六月底我就辭職，下決心創辦《商業周刊》。資金是我自己及共同創辦人金惟純、孔誠志、詹宏志及幾位企業界的老朋友一起籌措，台幣一千兩百萬元很快就到位，但籌備工作很費時。

本來說好四位共同創辦人全力下來工作，但真正開始工作時，孔誠志繼續開他的公關公司，隨後又去了《聯合報》；而詹宏志則繼續在遠流出版工作，只剩下我和金惟純兩位。我們決定讓詹宏志負言責，擔任發行人；讓孔誠志負財務風險，擔任董事

創業陷阱㉙：順著趨勢潮流做事，事半功倍；問題是一個人如何觀察趨勢的變動。一九八七年台灣發生了三大劇變，可是很少有台灣人記得，說明大多數人對環境變動的無知，這也是創業者第一個要克服的盲點：對環境冷感，不知自己所處的機會與危機。

長；而我則擔任總編輯，負責最費時費力的內容生產。（創業陷阱㉚）

我下定決心，要在一九八七年底前創刊，因為八八年一月一日報禁開放，我要在開放前搶頭香。

可是籌備的人才問題讓我痛苦不堪，除了二、三位當過月刊編輯勉強算有經驗的編輯之外，我全部重新應徵，我不放心用帶師學藝的記者，一切從頭開始教。

就在團隊記者生疏的經驗中，我在十月底勉強編出了一本試刊號，封面故事是「匯率巨掌背後」，我興奮的找一位老夥伴給試刊號一點意見，在餐桌上這位老友一語不發，只吃飯，禁不起我再三催促，好歹給些意見，我禁得起打擊，他看看我說：「趁有飯吃的時候，多吃一些吧！」由此可以想見，當時的雜誌有多粗糙。

不管如何，《商業周刊》還是在一九八七年的十一月底正式創刊上市，我沒對外說，那是我三十五歲的生日前夕，這是賭上我一生，真正創業的開始。

週刊的節奏，快到我不能想像，雖然我做過多年每日截稿的報紙，但那是大集團作戰，我只是每日出刊的一個小團隊負責人，所以應付裕如。可是週刊人少事繁，每天都在截稿的壓力之下，我忙著連如期出刊都不可得。

我沒辦法想任何事，每天就是工作、工作、工作，而截稿又要弄到三更半夜，我陪著所有的小朋友（記者、編輯們）做完所有的事才下班，此時已經沒有交通工具，只剩計程車，而他們多數是年輕女孩，我不放心，只好開車一一送他們回家，當時我的口頭禪是：「桃園以北都順路！」真的，淡水、桃園、基隆都是我常去的地方，回到家時，常常是清晨提著早點回家，吃了才休息。（**創業陷阱㉛**）

辛苦的日子卻沒有換來好的工作成果，一年下來，一千兩百萬的資金很快就賠完了，平均每個月要賠一百多萬元，只好增資。第一次的增資很容易，因為大家還處在創刊的摸索中，所有的人也看到我們的努力，所以所有的股東都繼續增資，我拿到第二個一千兩百萬元。

在增資的過程中，我開始仔細反省了一遍，到底發生了什麼事？我找到最大的原

創業陷阱㉚：創業夥伴的選擇極重要，選夥伴首重信用、可靠，不會讓你所託非人；其次要注意與你的互補性，最好是他的專業為你所缺；第三是他要是真正有能力的好手，不要因為他是你熟識的人就呼朋引伴，熟識的人有時像親人一樣，讓你無法理性對待。

創業陷阱㉛：創業初期非常辛苦是很正常的，這是創業過程中必經的考驗，這時候的紊亂也是必然的，好的創業者會在最短的時間內，讓混亂穩定下來，找到明確的工作規則，如果超過三個月還繼續混亂，你的創業就很不樂觀。

因：編輯部缺乏即戰力的好手，自己訓練的新記者沒辦法提供足夠精彩的內容。

於是在增資完之後，我努力招兵買馬，找來一些有經驗的老記者，組成了一個軍容壯盛的團隊，當時我底下共有三個副總編輯，都是從報社挖來，絕對可以完成好的內容採訪。

只不過事與願違，第二年《商業周刊》的內容並沒有具體的改善，稿量還是不足，品質還是有待改善，我也還是忙亂不堪，原因無他，我不會管理、不會排難解紛，坐令幾個有經驗的副總編輯們互相鬥爭、互相掣肘。

有經驗的人各有脾性，也各有堅持，因此指揮調度、溝通協調上更為困難。而我這個主管因為沒有經驗，又一直想維持表面的和諧，不願直接裁決對錯，以避免大家面子上過不去，結果是問題一直存在，爭執糾紛不斷。我忙著安撫大家，可是一波未平一波又起，《商業周刊》錯失在第二年成長逆轉的機會。

創業前先學管理

除了有經驗的副總編輯們的問題外，創刊時訓練的第一批記者，在第二年稍有經

驗後，也陸續被挖角離職，整個編輯部又處在變動中。（創業陷阱㉜）

其他部門也一樣，創刊時投入的業務經理，也因公司營運沒改善而離職，第二年並沒有因增資之後而趨為穩定，反而陷入新的危機。

在第二年週年時，由於內部營運很差，為了提振士氣，我們還辦了一場盛大的兩週年社慶，在來來飯店地下樓包下了最大的宴會處，廣發英雄帖，這其實是打腫臉充胖子，想透過外部的熱鬧，穩住內部的軍心。

我還記得，第一個上門的賓客是當時的新聞局長宋楚瑜，正式的酒會下午兩點才開始，在我們還在準備時，一點十分他就到達，讓我們有些措手不及，他說因為有下南部的行程，只好先來致意。在我們處境艱難的當時，對這一幕，我的印象深刻。

在酒會時，我們還做了一個企業大量訂閱雜誌的規畫，希望藉由熱鬧的現場，營造氣勢，促成光臨的企業界人士掏錢訂閱。只是我們不會叫賣，又不敢強力促銷，導致效果不彰。

創業陷阱㉜：如果創業不是一個人擺地攤，而是有團隊（三人以上），創業者就會面臨管人的問題，也就是如何當老闆，這可能是創業者沒想到的，而管理與管人工作的成敗，通常是創業成功的關鍵因素。

「增資」並非改善營運之道

熱鬧的兩週年社慶一過，公司又陷入困難，第二次增資的金額又已見底，不增資又無以為繼。

第三次募資，我們學乖了，決定加一倍增資兩千四百萬，以免一下子又賠完。不過這一次增資不像第一次那麼順利，所有的股東都開始懷疑，我們到底在搞什麼鬼？

我們努力的一個個說服，但已經有許多老股東決定放棄，在不得已之下，我們只好引進新股東，幾乎是只要任何人願意投資，我們都視為恩人，雙手歡迎。

這時候的《商業周刊》，工作團隊來來往往，許多人加入了沒多久，就發覺這是個沒有希望、沒有前景的地方，很快就離開了。而最早參與的一些老幹部，也都在第三年左右全數離開，整個核心團隊只剩下我和金惟純兩人。

不得已我又重回訓練新人的階段，不過這次我學乖了，對所有的新人，我在面談時都要求一定要工作滿兩年，中途不得離職，有的應徵者會問，要簽約嗎？我說不需簽約，這是口頭承諾，他們聽到不用簽約，都答應加入工作，可是事後真正做滿兩年的不多，我一直停在替其他媒體訓練新人的困境。（**創業陷阱㉝**）

由於營運一直沒有具體的改善，我開始不務正業。我認為《商業周刊》需要長期抗戰，而每個月平均都得賠一百萬左右，這個虧損數字也無法降低，因此我們要開拓其他業務，賺錢以挹注《商業周刊》的虧損。

我們做了許多事，代有錢的單位編輯刊物，替有錢的廣告客戶代辦公關活動，而這些事當然會用到《商業周刊》的品牌，我們畢竟是一份週刊，更是當時台灣唯一的一份商業性的週刊，用媒體的影響力，去發點「橫」財，所謂「橫財」，指的是非雜誌正常收入，其實也是蠅頭小利的辛苦錢。

我還有另一種假設：因為《商業周刊》知名度不足，所以賣不好，所以廣告收入少，如果能增加知名度，那《商業周刊》才有機會逆轉。

於是我也去額外做了一些事，例如：替廣播電台代工，製作公營電台的節目，一方面收代工費，一方面增加收入。前任《商業周刊》最傑出的總編輯王文靜，當時就是應徵進來做廣播節目而留下來的人。

創業陷阱㉝：創業初期，一定找不到好手，所以自己訓練人是創業者必學的工作。創業者要先把所有工作摸索一遍，然後自己找出最佳的工作方法（best practice），然後再經過訓練，把這方法傳授給工作者。

我們也替電視台做節目：台視因為要開設晨間時段的節目，每天有十五分鐘的財經時段，因為對財經新聞不熟，我們就把這十五分鐘的節目承包下來。而為了省錢，有一段時間，我還自己粉墨登場，做起主持人，主持其中五分鐘的每日股市講評。

所幸這些非本業的節目，不只增加《商業周刊》的知名度，也都有錢可賺，對財務捉襟見肘的我們，有正面的助益。不過這種好事，通常做不過三年，就會被其他單位因眼紅而搶去。（創業陷阱㉞）

用同樣的方法，卻期待不同的結果

雖然我仍然努力，每天工作十二個小時以上，但是最基本的工作方法沒變，最原始的經營策略沒變，或者應該這樣說，我自己對經營事業的邏輯沒變，如果我有錯，我並沒有針對錯誤修正。我並非執迷不悟，而是覺得一本刊物的創辦，確實需要很長的培育期，要經過時間的洗練，才能被大眾接受。

這個觀念或許沒錯，但我們沒有足夠的資金支持，所以一直在與資金奮鬥，一直在跑「三點半」。

在第三年底，第二次增資的兩千四百萬又用罄，這是《商業周刊》最悲慘的日子。再增資自是必然，只是所有的股東幾乎都認為我們是騙子（除了少數我十分感激的一、兩位），我們要再增資的兩千四百萬（總股本變成七千兩百萬），分成好幾次完成，且所有的新股東進來，在我內心都覺得是騙別人上當，因為連我自己也沒把握我們能成功。

不過從最後的增資無著之後，我自己的悔悟、頓悟也完成了。過去我們遇到困難，我覺得可以用增資換取時間，以改變營運結果，而現在增資無門，我們一定要有別的方法才能自救，改變是我們唯一的路。

這時候，我遇到石滋宜博士（中國生產力中心前負責人），在聊天時他說：「**什麼是笨？就是老是用同樣的方法做事，卻期待會有不同結果的人。**」

這句話一語驚醒夢中人，過去四年來，我一直用同樣的方法經營《商業周刊》，

創業陷阱㉞：在創業過程中，難免會面臨各種不同的誘惑，有時是「橫財」，有時是不直接相關的生意，看起來都很有意思，這時絕對不可被勾引。創業過程務本第一，當時我會去做廣播和電視，雖有些錢賺，但事後回想，還是不應分心。

卻每年期待會有不同的結果，這不正是我嗎？我何其笨啊！

我開始閉門思過，決心自我改變，決定不能再期待增資，要立即從內部改善找到答案。

徹底瘦身，徹底檢視所有成果，要把開支降到可能的最低，最好是能立即損益兩平，不能的話也要讓虧損降低，這是勒緊褲帶存活法，任何能降低支出的方法，都要立即採行。

創業的生死關頭，不談合理，只談存亡

至於我自己，檢討的事就更多了：我的管理能力、領導能力、做媒體的專業能力、對外提升業務的能力，我發覺我沒有一項足夠，每一項我都需要重新學習，我嘗試快速改變。但所有的改變抵不過營運上的繼續沉淪，當每天都要借錢時，環境會給你更嚴酷的考驗。（**創業陷阱㉟**）

市場上不斷傳言《商業周刊》隨時可能倒閉的消息，已經要上稿的廣告客戶，反悔抽稿，我們的銷售人員每天闢謠都來不及。

我決定正面面對，我要求業務人員正面向客戶坦承我們面臨了困難，但也告訴他們，我們已經活了五年，我們有信心、有決心苦撐下去，我們一定要讓台灣第一本財經週刊存活，決不放棄。

說來奇怪，承認之後，就不需要闢謠了，還有一些客戶反而因同情而支持，困擾漸漸平息。

內部的營運可以慢慢改善，但資金問題還是一定要解決。當時我和金惟純協議，我守住內部，他負責對外找錢。會這樣安排，一方面是我對內部經營較熟悉，但更重要的是我愛面子，不敢向別人開口。

理論上我跟企業界的關係比金惟純好多了，但我不敢，我只能躲著，這也真十分為難他了。不過金惟純也證明他有募款及資金調度的本事。（創業陷阱㊱）

創業陷阱㉟：創業遭遇生死關頭，動手改造時，完全不能談合理，只要能減少支出，降低成本，就應該立即去做，「這樣做不好吧」、「這不合理」都是讓處在危機時的創業者錯失急救時機的藉口。

創業陷阱㊱：創業者愛面子是重大缺陷，因為愛面子，你不敢大聲叫責；因為愛面子，你不敢彎腰求人；因為愛面子，你不敢開口求援；因為愛面子，你不敢向認識的人借錢，這些都是創業者要克服的障礙。

用本本暢銷書解決財務黑洞

有一年小年夜，薪水及獎金無著，我已經準備向員工道歉，沒想到傍晚金惟純回來說錢已籌到，第二天一提現，如期發薪，他的同學在最後一刻提刀相助。

我雖然不負責資金調度，但也常常在山窮水盡時加入幫忙，而我能找的，也就是我的姐姐、親人及我的太太。

我的太太面臨了最多的考驗和煎熬。當我每一次動用太太僅有的幾十萬存款時，我都痛苦不堪，但也無法選擇。

有一次下午兩點半，金惟純告訴我，公司還差一百萬，他已無能為力，我們只好分頭努力。我打電話給老婆，要求她動用她的保命錢。只是前不久我才答應她絕不再做這樣的事，但事隔不久我又再犯。老婆當然無法拒絕，我急忙開車到她的辦公室，她站在走廊下等我，手上捧著牛皮紙袋，我開車靠近，搖下車窗，她把牛皮紙袋丟進車裡，轉身就走。我坐在車中，十分鐘內無法開車，「一個大男人，怎會做這種讓自己的女人傷心欲絕的事？」我自怨自問。（**創業陷阱㊲**）

這種驚險萬狀調度資金的日子，過了兩三年，一直到我出版了《一九九五閏八月》一書，四個月之內熱賣了近三十萬冊，也賺進了近三千萬新台幣，《商業周刊》的財務窘境才獲得紓解。

到了《商業周刊》的第六年，我又調整了工作內容，我全心全意負責出版，這是搶錢的任務，我用一本本的暢銷書，快速賺錢，以紓解《商周》的財務黑洞。

地獄門的句點

做出版是全新的開始，我下定決心，每一本書都要賺錢，我不能再慢慢來，我的青春不再。或許是在《商業周刊》已繳完了所有的學費，我從出版第一本書開始，就立即賺錢。

創業陷阱㊲：在最辛苦時，我也曾經向地下錢莊借錢，雖然只有三十萬，也是短期（只有一週）的借款，但已足以讓我瞭解到月息四分（一百萬一個月利息四萬）的威力。不論創業再怎麼辛苦，絕對不可以向地下錢莊借錢，因為地下錢莊大多數是黑道，一般小老百姓與黑道打交道，絕對屍骨無存！

一直到一九九四年九月，《一九九五閏八月》一書更是我扭轉乾坤的一擊，這本書使我的人生徹底改變，也使《商業周刊》的營運結構逆轉，我告訴自己：「不是不報，時候未到，老天爺終於還我公道了。」

我記得《商業周刊》的對外負債最多曾高達數千萬元，而《一九九五閏八月》一書正如大旱之望雲霓，財務改善之後，《商業周刊》自然回到比較正常的營運道路。（**創業陷阱㊳**）

其實《商業周刊》在歷經了三、四年的內部結構調整後，一切的營運狀況都已正常化，也找到自己的規律，而從《一九九五閏八月》之後，不只是台灣的命運改變，真正改變的是《商業周刊》，我深陷地獄門的創業之舉，也從此劃下句點。

創業陷阱㊳：陷入困難中，自怨自艾、遷怒他人，或者喪失信心，都是致命傷。這時候只能相信天理昭彰，只要自己夠努力，老天爺終有一天會回報你。這時候保持這樣的健康、樂觀、正向心態，是你能持續奮鬥的動力來源。

第3章

拔出石中劍

上市三天就成功——電腦家庭雜誌集團

一九九五年，一次發行人員的面試，改變了我的創業生涯，也改變了台灣雜誌業的風貌，更改變了台灣媒體及網路的生態。

《商業周刊》需要一個發行主管，我找了一些人面試，其中一個人來自一本ＩＴ雜誌，他是發行主管，我要確認他的經驗，不免在工作面問得比較細微。

從他的回答中，我發覺ＩＴ雜誌雖然是一個特殊的利基市場，但已有相當的市場規模；更重要的是這個市場看起來正要勃興，要從小眾變成大眾，一場電腦學習風潮正要興起。

這次的面談花了我兩個小時，結束的時候，我告訴這位應徵者，我下決心要新創一本給大眾的電腦學習雜誌，我邀請他加入我的團隊。（創業陷阱㊴）

我重新創業的念頭由來已久，《商業周刊》長期抗戰，瀕臨倒閉時，貧賤夫妻百事哀，我與我的創業夥伴不時因為工作觀念上的歧異迭起爭執，那就像一首歌的形容：「兩個人一張床，中間隔著一片海」，這讓我早下了決心，如果可能，我會重新創業。

而一九九五年的《商業周刊》，在長達四年的內部徹底整頓，運作上已漸趨正軌，再加上一九九四年出版的《一九九五閏八月》一書暢銷，整個氣勢大旺，這時候如果我離開，影響不大，因此重新創業的呼喚，在我的心中越來越清晰。

我開始用我一人之力，展開可行性分析，這一次我對辦雜誌已非吳下阿蒙，從市場規模推估，到使用者消費行為，到產品定位，到核心成功因素，到上市規畫，到團隊想像，我徹底想了一遍，也寫成文字，我確認這是一個可行的市場，我真的要拔出石中劍，瀟灑走一回了。

行動的第一步，我想的是團隊，這時我已經知道**團隊才是創業成功的關鍵因素**，我需要最好的夥伴，我想到詹宏志。在《商業周刊》創辦時，他就已是最早投入的股東，後來雖未加入工作，但他一直是我心中的才子。

當時詹宏志離開遠流出版，在家掛了一個牌子「Retired」（退休），閉門讀書、編

創業陷阱㊴：許多機會是從很細微的末端訊息察覺，《電腦家庭》雜誌的創刊，就是從一個發行人員的應徵開始。創業者要眼觀四面、耳聽八方，要有見微知著的能力。

書，我知道他不接電話，於是直接上門找他。

在台北市永康街的巷子裡，住在一樓的宏志，開門看到是我時，相當訝異，因為我很少煩他，他問我有什麼事？我回答：「我想辦一本給大眾看的電腦學習雜誌，想聽聽看你的意見。」

就在院子裡，他看著我，隨即就回答：「立即去辦，一分鐘都不要等！」

我接著問：「既然你也認同，那有沒有興趣參與？」他回答：「參與是什麼意思？如果是工作，不行；投資，可以！」

我說：「好，那投資算你一份，工作團隊我們另外籌組，但你要參與意見並當顧問。」（**創業陷阱㊵**）

面對問題，絕不能放棄

事實上在他家的院子裡，我們三言兩語已經決定了所有的事，一個天翻地覆的劇變，從此展開。

我答應詹宏志，找一個年輕的實際主事者來辦這本刊物，所以接下來的幾個月，我都在努力做兩件事：一件事是籌資，一件事是找一個能幹、熟悉電腦的總編輯或總經理。

我一連找了四、五位條件合適的人選，其中第一位就是後來《PC home電腦家庭》雜誌正式創辦時的總編輯，也是現在網路家庭公司的CEO李宏麟。他曾是《商業周刊》的記者，後來離開變成專業電腦雜誌《PC World》的總編輯，年輕又熟悉電腦雜誌，當然是不二人選，可是他想一想之後，覺得加入創業的風險太大，於是決定放棄。

接著我又找了很多位，每一個人在第一次聽到要辦給大眾的電腦學習刊物時，都覺得是非常好的主意，也都承諾加入，但再仔細思考後，最後卻都選擇放棄。

在歷經數次的反覆，我也喝了無數次的咖啡，最後一次被拒絕時，我十分懊惱，

創業陷阱㊵：創業、趨勢大師兼文學才子詹宏志，台灣文化圈內人都知道他很難接近，雖有共同投資《商業周刊》的經驗，但其實我和他並不熟悉，但決定創辦《電腦家庭》雜誌時，我覺得他是我最應該要請教的對象，所以採取了直接上門的拜訪方式，很魯莽，可是當時我只有這個方法，所以創業者對任何方法都不能放棄。

我自問：「我招誰惹誰了？他們為何會先答應，後來又反悔？我放棄總可以吧？」我決定找詹宏志，告訴他放棄不辦的決定。

在開車到達宏志家數百公尺的地方，我念頭一轉，我到處找不到人，可是有一個人退休閒在家裡，為什麼不找他呢？我下定決心今天要把詹宏志拖下水。

宏志開門見到我，我就氣呼呼的告訴他，今天又被「放鴿子」，答應來的人又不來了，我決定放棄這個計畫，不玩了。這是我事先想好的劇本，看看他的反應。

沒想到宏志看看我，問：「你怎麼這麼容易就放棄了？」我一聽，他不想放棄，太好了，我說：「我不放棄了，可是沒人又能怎麼辦？要不然你下來做好了！」

試算風險，控制失敗的可能

就這樣，詹宏志變成《電腦家庭》雜誌發行人兼總經理，我們又是三言兩語在院子裡談定，而我是公司的董事長，後來李宏麟也加入，一切峰迴路轉。（創業陷阱㊶）

接下來是一連串的籌備工作，我們做出一份細緻的執行計畫，其中最重要的一部分是財務試算，我們試算了兩年的損益，希望在一年到一年半之內單月損益平衡，並以單月損益平衡計算總虧損金額，作為我們籌資的股本目標。

本來我想籌資兩千萬，但經過試算後，一直到單月損益平衡，最高總虧損金額約一千八百萬，兩千萬的股本太少，萬一稍有不慎，資金就會不足，所以決定增加為兩千五百萬資本額，而這也是我的工作。

除了我自己、宏志及《商業周刊》公司之外，我大概還要找一千五百萬左右，我以兩百五十萬為單位，找人認股。

其實過程並不順利，我經營《商業周刊》的績效不彰，許多老朋友對我經營事業的信心未恢復，所以我只能找新朋友募資，我要特別感謝兩個人：一個是信義房屋董事長周俊吉，一個是金仁寶集團董事長許勝雄。

周俊吉和我只有一面之緣，可是我覺得他很正派，我喜歡他經營企業的透明簡

創業陷阱㊶：有時候事業為什麼會不順乎，原因就是自己的才德不足。我為什麼會一直找不到好的夥伴創辦《PC home》？原因是我做《商業周刊》並不順利，所以許多人在深思之後都退出，當時我沒想清楚這些事，一直到詹宏志確定下海，一切才搞定，李宏麟也才願意加入，原因就是我當時的才德不足，創業者有時要認清自己的缺點。

單，所以找他投資，沒想到只見一次面，他就答應了，他的爽快令我意外。

而許勝雄雖是我十幾年老友，但往來不多，談起投資，一聽是兩百五十萬，立即就同意，他還問我夠不夠，不夠他還可以找其他人加入，他也真的介紹了其他企業界的朋友，中環的翁明顯先生，就是在他的引介下加入。

籌資完成，雜誌的籌備工作正式展開，但我所做的事也已全部完成，我決定創辦這本刊物，我找到詹宏志，我讓公司設立完成，我擔任不管事的董事長，接下來詹宏志與他的團隊完成了所有的事，我只享受創辦成功的成果。

創業者要依組織需求成為變形蟲

這其實不是我原來的規畫，我原本以為我還需要做一些事，但後來發覺，詹宏志的行事風格是聖裁決斷，他不喜歡有老闆，就連平輩在他身邊也沒有發揮的空間，所以我從此只開董事會，完全退出日常經營，其實就算開董事會，我也完全尊重他的決定。（創業陷阱㊷）

有了在《商業周刊》和創業夥伴相處的經驗，這一方面的智慧我已充分具備。前面所說的角色扮演，我和宏志完全沒有正式溝通過，**我自己揣摩、按組織的現況，決定我該演什麼角色，而不管事，做永遠的替代角色，變成是我倆最好的分工。**

創刊時詹宏志不愧是行銷與創意天才，他決定採取強勢上市，物超所值、價格破壞的策略，創刊號厚厚的一本《PC home》，只賣四十九元，第一刷五萬本，這些規格都是台灣雜誌市場上，見所未見、聞所未聞的手法。以我這個算是有經驗的雜誌人，事先我都不確定這樣做是對的，只是直覺可行，當然就放手一搏。

《PC home》雜誌一上市販賣三天之後，我們就知道成功了，因為便利商店等零售通路，兩天就已賣完，並追加訂單，金石堂等傳統通路也一樣。這第一期的刊物最後印到十幾萬冊，幾乎是台灣雜誌史上從未見過的盛況。

更可怕的是，在雜誌零售背後，我們綁了一個極具吸引力的訂戶推廣計畫，每天訂雜誌的傳真機從未停過，訂閱電話滿線，我們不得不緊急追加傳真及電話線路，只不過解決了傳真及電話問題之後，後面的訂單處理也因人力不足無法解決。因訂閱服

創業陷阱㊷：找到可以信賴的人，放手讓他去做，作為創業者要有肚量做變形蟲，按照組織的需要，調整自己的角色，只要《PC home》能創辦成功，我演什麼角色都不計較，我終於學會與夥伴相處的方法。

務不及而產生的客訴，是《PC home》雜誌創辦過程中最大的困擾。

我雖然沒有實際參與工作，但所有的會議我都參與，所以**我充分瞭解每一個決定、每一項策略、每一個作為，而且因為我空手，反而能靜靜的分析思考每一個過程的道理**。

詹宏志的策略清晰簡單：（一）找到正確而專業的人：李宏麟，由他籌組編輯團隊，放手去做，確保有能力編出一本高品質的雜誌；（二）要求做到看得懂、學得會，開創出「step by step」的編輯法，讓《PC home》幫讀者做到無痛苦學習；（三）行銷上物超所值，創刊號四十九元，創造最大的聲勢、話題、知名度及試用讀者群，接著延伸出最大的訂戶量，立即回收訂戶收入；（四）廣告推銷隨後跟上。

從《PC home》的創刊過程，我看到一次雜誌上市的超完美示範，我終於弄懂，當年我創辦《商業周刊》時，那真是不專業的業餘作為，過去數年兵困《商業周刊》的疑惑，忽然豁然開朗了。（**創業陷阱㊸**）

在《PC home》創刊的記者會上，詹宏志向所有的記者宣布：我們不是創辦一本刊物，未來三年要辦六本雜誌。這個承諾，變成全公司上下努力的目標。

在《PC home》順利上市之後，很快的就變成電腦類第一大雜誌，我懷疑應該也是台灣第一大雜誌，十九萬本的發行量，堆砌起許多奇蹟，廣告每季都漲價，訂單來不及處理等，而緊接著我們就決定擴大戰果。

我們先把已經創刊的《電腦玩家》雜誌併購下來，再接著我們創辦了《PC office 電腦上班族》，定位是上班族的電腦學習，再來是《PC SHOPPER 電腦買物王》，定位是電腦採購導覽雜誌，再接著創辦了電腦書的出版團隊「PCuSER電腦人」，如果再加上這些團隊個別衍生出來的小刊物，電腦家庭集團最多的時候有超過二十本以上的刊物，琳瑯滿目，熱鬧非凡。

除了電腦雜誌以外，我們也嘗試跨越ＩＴ做其他的雜誌，《Smart智富》月刊是最具指標性的一本刊物，這是給社會大眾的理財入門學習誌，和《PC home》同樣走入門學習的專業，讓讀者真的看得懂、學得會，這個刊物也很快變成台灣入門理財雜誌的第一品牌，全盛期的發行量也超過十萬冊。

創業陷阱㊸：每一種事業都有專業，一山還有一山高，我歷經《商業周刊》，自認為對經營雜誌已很在行，但是在《PC home》的創辦過程中，我發覺我對雜誌經營只是略懂皮毛。創業者要有決心、肚量，學習別人專業的方法，千萬不能自我感覺良好，不能固執。

《PC home》雜誌的創刊，真的是趕上了波瀾壯濶的大時代，人類正要面臨電腦的大學習潮，也正要在實體世界之外，另外籌建一個虛擬世界，所以《PC home》又接著成立了「網路家庭入口網站」（PChome Online），成為台灣網路風潮最早的弄潮兒之一。

在「PChome Online」之後，我們還成立了《明日報》，大張旗鼓的探索一份線上電子報紙的可能，只是最後以虧損數億元收場，這也種下日後「電腦家庭雜誌集團」與香港首富李嘉誠合併的遠因。

創業者要有逆轉困境的能力

在電腦家庭雜誌集團的所有雜誌中，有一份雜誌是由我負責籌辦，那就是《房屋誌》，一本買賣房屋的情報誌，這本雜誌大概是集團內最短命的一本刊物，在六個月之內賠了八千萬元，我下決心停刊，並帶著整個團隊轉型為建築家居裝潢刊物，現在這個團隊擁有數本雜誌，也是電腦家庭雜誌集團在電腦雜誌沒落之後，還能維持集團規模與活力的重要原因。

創辦《房屋誌》，我證明我自己，**我會犯錯，但我有能力自己逆轉，與過去在面臨困難時坐困愁城，已完全不同。**（創業陷阱㊹）

電腦家庭雜誌集團在二〇〇〇年左右網路泡沫化之前，集團實力達到最高潮，但隨著《明日報》停刊，以及電腦學習熱潮式微，《PC home》進入另一個體質調整期。

這時候我開始扮演整頓的角色，我停掉了一些刊物，也換掉了許多主管，讓年輕的新秀擔負重任，我心中只有一個目的，在電腦家庭雜誌集團興起時，我享受了美好的成果，而在集團遭遇困難時，我有責任讓局面穩住，尤其在詹宏志離開之後，我應為所有的團隊負責。

到二〇〇八年，電腦家庭雜誌集團的整頓總算看到成果，電腦雜誌日益縮小的規模慢慢穩定下來。從二〇〇九年開始，將會再嘗試創辦新雜誌，並啟動網路媒體的經營，整個集團重新站上起跑點，以迎接金融海嘯的挑戰。

創業陷阱㊹：創業一定會犯錯，一旦確定自己犯錯時，一定要第一時間改變，絕不可拖延，《房屋誌》在出版六個月時我就放棄，否則可能會拖垮整個電腦家庭雜誌集團。

中文出版王國夢——城邦出版集團

在一九九五年，《PC home》雜誌創辦的同時，我們也成立了城邦出版公司，這是由三家已經成立的小出版社合併而成，我把一向績效良好的商周出版社併入城邦集團，成為城邦集團中的旗艦團隊。

成立城邦出版公司是詹宏志的想法，透過小出版社合併的方式，試圖營造一個大品牌、大團隊，向華文世界最大的圖書出版集團邁進。詹宏志成功的創辦了電腦家庭雜誌集團，讓我這個不太管事的董事長名利雙收，所以當他想創辦城邦時，我毅然決然加入，決定全力打造城邦集團，以投桃報李，這一直是我心中沒有說出的祕密。

城邦剛成立時，只有三個出版品牌：商周出版、麥田出版和貓頭鷹出版社，這三家出版社在合併的前一年，加總的營業額只有一億四千萬台幣左右，而且獲利很少，但合併的第一年效益立即顯現，營業額跳升了一倍，達到兩億八千萬元，獲利也明顯增加。

這樣的成長趨勢維持了三年，營業額分別是第一年的兩億八千萬，合併第二年三億八千萬，第三年營業額達到五億元，不過到了第四年卻出現危機。

由於整個集團的財務統一調度，雖然可以發揮賺賠互補的效果，但如果整個集團出版的類型有太多長線書、販賣速度緩慢的書籍，那麼現金就會出現缺口。

而三家老出版社中，除了商周出版是以暢銷書為主外，其餘兩家出版社都是長線、銷售速度緩慢的類型，再加上城邦在合併後，也陸續成立了墨刻出版（旅遊）、紅色（網路小說）、馬可孛羅（經典旅行文學）等出版社，更使城邦的資金嚴重不足。

夢想成就台灣最大出版集團

在合併的前三年，我全力經營商周出版，扮演賺錢、增加現金的角色，但趕不上集團擴張的速度，我們的自有資金嚴重不足，這時我不得不請纓擔任集團總經理的角色，看看能不能改善整個集團的營運。

我開始導入績效管理，以及利潤中心制度，要求各營運團隊要對自己的營運成果負責，以免造成整個集團的負擔，只不過這種做法引起團隊極大的反彈，而導致幾位

原始創辦人離開城邦，獨立門戶，這也成為台灣出版界重要的話題新聞。（創業陷阱㊺）

我無法停下利潤中心、績效管理的腳步，因為每月動輒數千萬台幣的資金缺口，關係著城邦能否持續經營的命運，我也阻止不了共同創業夥伴的出走，我唯一的目標是讓合併後的城邦不要倒閉，變成台灣出版界最大的笑話。

雖然面臨資金的困難，但城邦集團營運體系的建立也沒有一天停下腳步，我們努力打造出版的後勤服務平台，讓所有前端的出版團隊能有強大的後勤支援系統。

我的理念很簡單，出版有許多環結，個別的獨立出版團隊只能照顧核心流程，對其他周邊流程幾乎放棄，因此營運永遠無法上軌道，所以我喊出：「**把每一個細微的出版流程，都用最專業的態度管理。**」而這個後勤平台便扮演了專業管理的角色。

後勤支援平台包括印務、通路業務談判、後勤倉儲、庫存管理、物流運輸、財務、IT系統、法務和人資……。這是個複雜的平台，而出版團隊則保留選題、出版、行銷等工作，以獨立自主的方式運作。（創業陷阱㊻）

我們也喊出了「plug & play」（插上電源就能運作）口號，指的是出版團隊只要接上後勤出版營運平台，就可以得到最好的支援和照顧。

城邦合併之後的頭幾年，營運的快速擴張絕對和這個營運體系發揮的綜效有關，城邦很快就成為台灣最大的出版集團。

這其間，我們在組織內先後推動了ISO9000，也推動了上市上櫃的九大循環，當然也努力完成了內部工作的標準化作業，這代表了我要用現代的管理系統，來提升老舊的出版行業的營運績效。

從傳統經營走向企業化管理

不過，這些努力面臨了集團內部的營運理念之爭，大多數的老出版人都認為，出

創業陷阱㊺：創業者也要有足夠的信心，相信自己是對的，如果不斷分析、檢討、確定自己是對的，那不論遭遇任何的困難，都不可以改變。我對城邦內部管理系統的整理，在經過小團隊試驗證明是正確後，我就全力推動，絕不退讓。

創業陷阱㊻：「整合有效益歸平台，獨立運作有效益，則歸出版團隊。」這是我們在決定構建平台時，喊出的口號。嚴格來說，我們也不知道這樣的分工正不正確，但是「摸著石頭過河」，不斷測試、不斷調整，正是創業者必須有的態度。

版是創意的行業，不應該被管理，管理制度只會扼殺出版的理想和創意，他們的自由浪漫，讓城邦內部績效的提升、管理的追求變得十分困難，他們覺得我所推動的系統化、標準化、紀律化的管理制度，背棄了城邦合併時的盟約。

我雖然被視為「大逆不道」的出版人，但我沒有退路，不走上現代標準化的系統經營，絕對不可能成功，所以我不顧一切的走上ISO，走上內稽內控，最後還走上ERP（企業資源規畫系統）的道路。

傳統的放任式出版工作方法，仰賴有經驗的工作者，仰賴創意，也仰賴運氣，營運的績效時好時壞，無法長期維持穩定，再加上偶爾過度理想化，把文化人對社會的十字架背在身上，難免就會出了太多有意義、但生意不足的書，這會使集團的財務陷入困境。（創業陷阱㊼）

而我推動的績效管理、標準化流程，就是要讓出版工作變成最佳化、最有效率的方法，讓整個集團能保持穩定。

從二〇〇三年開始，城邦的內部流程改造，邁入最關鍵性的一役：開始導入ERP系統，我決定把城邦的工作流程，全部用資訊系統來追蹤管理。

台灣出版界最大手筆的投資

在眾多的ERP系統商中，我選擇了甲骨文（Oracle），原因無他，因為城邦母公司用的是甲骨文的系統，這個計畫耗資近億元台幣，絕對是台灣出版界最大手筆的投資。

而且我選擇了一次就決定輸贏的做法：一次十個模組同時上線。我賭上了我一生的英明，也賭上了城邦的未來。

我把ERP上線，當作是城邦營運策略轉型的大舉動，要把城邦從自由、放任、浪漫，帶向紀律、效率、系統化、集團化營運的道路，而我幾乎是在全公司都反對的狀況下一意孤行。

創業陷阱㊼：創業過程中，一旦組織擴大，就必須要走上系統、制度之路，稍有規模，就離不開資訊系統，所以對IT投資絕不能小氣，城邦的例子說明了IT系統的重要，也是城邦在經營上最有效的武器。（城邦在IT上投資了上億的金額。）

所幸在整個城邦團隊中，由我培養建立的營運團隊約占一半左右，這一半的團隊被我下了徹底服從令，全力支持ERP的上線。

前置作業大約做了一年多，命運的賭注公開的一刻終於來臨，我們在二〇〇四年九月將ERP系統正式上線。

上線的過程只能用千鈞一髮、驚險萬狀來形容，原來城邦集團成立已十年，而成立之前三個獨立的出版社還有更早的歷史，其中有很多陳年老帳，很多不合規範的做法、庫存管理，根本無法在上線時清理乾淨，我的財務人員告訴我：「舊帳不清乾淨，根本不能上線。」

可是我別無選擇，許多人在等著看笑話，我也知道，如果當時不上線，我會被批判的口水淹沒，而ERP也從此不可能在城邦實施。

我下達了強渡關山的指令，我要求要如期上線，但也要求所有的生意不能暫停，我要團隊用決心、用毅力、用人工克服所有的困難。

真的要感謝我的團隊，他們不眠不休、熬夜加班，用不可思議的方法完成了不可能的任務。（創業陷阱㊽）

面對金融海嘯，城邦逆勢成長

在二〇〇五年，整個城邦只感受到ERP的繁瑣，只感受到流程改變，但沒有看到任何ERP的好處。

所幸，城邦內部一半的團隊，在我的要求下閉嘴調整，不敢有怨言，而另一半也只好慢慢跟上腳步。

在二〇〇六年開始，台灣出版界陷入整體環境惡化的困境，城邦的營運也跟著惡化，這種狀況在二〇〇七年達到最高峰，整個台灣圖書出版業因為通路中獨立書店倒閉，連鎖書店財務不佳，使台灣出版界面對最黑暗的營運狀況。

城邦ERP的上線，趕上了最惡劣的外部環境，但也使ERP本身的問題被忽略，因為我們急著面對環境的挑戰。

創業陷阱㊽：在關鍵時候猶豫不決，在關鍵時候收手撤退，這是創業者最大的忌諱，有時候，不管遇到多大的困難，強渡關山是唯一的選擇，在城邦ERP上線的時候，我就用了強渡關山的方法，因為撤退我會一無所有。

不過也因為如此，隨著ERP的上線，我們有三個完整的年度（二〇〇五至二〇〇七）進行適應與調整，當我們真正把ERP融入正常的營運中，也構建出以ERP為核心的新營運系統之後，所有的效益在二〇〇八年開花結果。

二〇〇八年，城邦出版集團交出了自成立以來最亮麗的成果，稅前淨利達到平均百分之十六，這幾乎是ERP上線前的一倍。縱使二〇〇八年的最後一季，世界籠罩在金融海嘯中，台灣也哀鴻遍野，但城邦集團逆勢成長，跌破了所有人的眼鏡。

我知道我已從一個個體戶經營者，變成一個靠系統、靠制度、靠科學化管理，能運用現代管理工具的創業家，我已不再是那個「擺地攤」的小老闆。

這就是整個城邦集團營運的主要歷程，但除了營運系統的改造之外，我對出版工作的探索、創新與改造，在城邦集團轉變的過程，也具有關鍵性的貢獻。

其實我是個媒體工作者，從記者、編輯到雜誌創辦人，我對出版書籍是個徹徹底底的門外漢，在經營出版之前，我沒編過一本書，我完全不知出版該怎麼做。

但從我第一天出書開始，存的就是「搶錢」的目標，為的是賺一點外快，讓當時還非常辛苦的《商業周刊》能改善財務，所以我用了最野蠻的態度、最省錢的方法、最短線的作為，務期達到「搶錢」的目標。

方法也很簡單：沒有絕對把握不做，利潤不好不做。我沒有出版人的包袱，所以我從出版第一本書就開始賺錢。接著下來，我把這套「搶錢」的出版方法發揮到極致，我仔細拆解每一個出版步驟，用科學方法分析每一個流程，以及流程背後的核心成功因素，然後把這些know-how變成文字化的原則、方法、步驟、規範，再把這一套科學化的方法，和我的團隊討論、分享。

日子久了，我發覺我的邏輯、觀念和做法，和所有有經驗的出版人都不一樣，問題是我的方法確保了我年年賺錢，不管外界環境有多惡劣，我知道我走對了路。

我更知道，出版是「人」的行業，靠所有的編輯、所有的團隊共同完成，不能只有我一個人知道這一套科學方法、會用這套科學方法，所以在城邦內部，除了每月的營運之外，我每天都在做一件事：訓練、訓練、訓練。（創業陷阱㊾）

我出席各種會議，不是裁決、不是下令，而是說出我的經驗、我的方法，這是訓練；我也開各式各樣的內部論壇，員工要聽的也是我的邏輯、我的想法，這又是訓練

創業陷阱㊾：創業者是摸索者，是領頭羊，也是訓練者，在內部要不斷的傳輸理念、宣傳理念、教育團隊，絕不能說：「我的團隊不好！」因為團隊不好，要不你不會挑人，要不你不會訓練，這都是你的錯。

練。書出版之後的檢討會，我也提出改進意見，目的不在檢討，而是如果是我做，我會怎麼做，這是他山之石的分享，當然這也是訓練。

經驗傳承與系統化管理

最後，我把這套出版方法，彙整成「何氏出版八講」，從分析市場、解析讀者的購買動機，到選題、到編務、到行銷、到售後服務、到後勤支援管理，在城邦集團內部，這套課程已經上過兩次，而且只有工作滿兩年的員工能成為學員。這套方法已成為城邦內部的「出版規範」，而這個團隊也有所依循，成為一個擁有科學方法、邏輯思考、有出版標準作業流程的現代化出版團隊。

我們可以用一張Excel報表，完成新選題的新書評估過程，我們也很容易為新書估測上市後的銷售結果，當然我們也有無數的ＫＰＩ（key performance index，關鍵績效指標）作為檢查營運成果的依據。

更重要的是，城邦出版團隊已經不只是以創新、理想取勝的團隊，我們更是講究紀律、講究協調合作、講究績效管理透明化的營運組織，我們不只有理想、有勇氣，

我們更講究方法，而且不斷地自我挑戰、自我探索。（創業陷阱㊿）

除了在內部的系統化管理的探索外，城邦集團在策略布局上也十分特殊，從創立初期，我們就決定未來城邦將是一個國際化的營運組織，因此我們在海外布建了兩個營運據點：香港及星馬兩家子公司，並在大陸成立了探索式的營運試驗團隊。

香港、星馬兩家子公司一直是我們銷售的海外前進基地，經過這麼多年的調整之後，這兩家公司已變成我們重要的業績貢獻單位，每年的業績占比超過百分之十，更重要的是這兩家公司都能自力更生獲利。

近兩年，我們更嘗試在海外發行刊物，在星馬我們已經出版三本雜誌，最早創刊的一本已經獲利賺錢，另兩本則正在培育中。

另一個重要的策略布局是數位化的探索。

創業陷阱㊿：「有想法，有方法」是創業者必備的條件，所以要不斷的在工作上摸索，在方法上更好，絕不能停留在原有的基礎上。尤其新創事業時，如果能創新方法，用更低成本、更高效率的流程，將會對現有市場造成徹底破壞，並立即成功。

城邦的數位化布局

自從PChome Online獨立營運，脫離城邦集團之後，城邦內部只剩下幾個試驗性質的數位團隊，這對於一個以紙本為主的媒體集團而言，當然是重大缺憾，因此，如何重新展開數位布局，一直是城邦內部不能或忘的事。

二〇〇六年，我嘗試做了兩項大動作的購併案，一個是博客來網路書店，一個是新興的社群網站「無名小站」。

博客來網路書店的購併案幾乎要成功，當我與最大的股東統一超商議完購併意向與價格之後，沒想到原有的創始團隊跳出來反對，這是我始料未及的事，為了避免與創始團隊為敵，我決定退出。（**創業陷阱㉛**）

無名小站的購併，則是因為我起動較晚，雅虎奇摩早已與無名小站接觸，並且已簽訂了獨家議約權，我只好等待，最後雅虎奇摩捷足先登，我又再度落空。

但我知道城邦的數位布局不能停，在無名小站確實與雅虎奇摩簽約的當晚，我決定找另一家規模小、但有潛力的社群網站下手，這就是痞客邦（PIXNET）。

當晚我就打電話給痞客邦的創業團隊，並約好見面，我使出渾身解數，在三個月之內完成與痞客邦的合作，從此城邦集團找到進軍數位世界的前進基地。

我花了兩年的時間（二〇〇七至二〇〇八），與痞客邦的營運團隊磨合，放手讓他們去工作，結果痞客邦在兩年內從台灣流量百名左右的網站，進步到流量前二十名以內，如果扣除國外的網站，痞客邦現在已是台灣流量前十名的本土網站。

在痞客邦的協助下，我們也不斷複製網站的經驗，我提出實體虛擬、虛實整合的策略，我期待每一本紙本雜誌都能複製一個網站，以經營相關的讀者社群。

這個計畫正在如火如荼的推動中，雖然未來成果未卜，但是做一個實體媒體的經營者，我不能放棄對網站的探索，因為一旦放棄，代表了城邦集團的未來沒有想像，如果紙本雜誌式微，我們會倒數計時，等待死亡。

與此同時，城邦集團也構建了自營的網路線上書城：城邦讀書花園網站，在二〇〇八年，這個網站的業績成長了一倍，我知道我們在網路的布局已經成功搶下了灘

創業陷阱㉛：放棄博客來網路書店，在生意選擇上，我絕對錯誤，但我顧及當事人的感受，「君子不奪人所愛」也是我一生的原則，我的放棄對我的公司而言不是最聰明的決定。

頭堡。（創業陷阱52）

城邦出版集團是我個人創業的關鍵代表作，這個集團已經具有中型企業的營運規模（每年十億的營業額），而且已經有良好的布局，我一生中所繳的創業學費，所學到的所有觀念與能力，全部用在城邦出版集團中。

我很慶幸，我並沒有被短暫的成功沖昏了頭，也沒有因為安定，就安逸起來，我仍然充滿了鬥志，因為我知道，我肩負了所有工作者的託付，也肩負了所有投資人的期待，我要善盡善良管理者的責任，繼續奮鬥，繼續創新，繼續探索未來。

創業陷阱52：當直線前進走不通時，絕對不可以停在原地，要立即變招，尋找突破。沒買到無名小站，如果我就此縮手，那城邦在數位世界的布局將只是一場空，在哪裡失手，當下立即找回來，是創業者應有的態度。

第 4 章

網路世界大冒險

獨持偏見，一意孤行——網路世界的大膽創新

從二〇〇七年亞馬遜推出Kindle，二〇〇八年蘋果推出iPhone之後，一個全新的網路世界徹底降臨，也威脅到所有紙媒介的生存，當時我所經營的城邦集團，面臨了讀者大量流失、市場大幅萎縮的危機，我們未來應何去何從呢？

我知道，我們如果不積極投入創新，擁抱改變，我們的來日無多，可是想改變，要從那裡開始呢？

我首先為未來做了一個推演，我假設我們還有五年時間，五年之後，時空環境會變成紙本媒介難以經營，我寫了一篇文章：〈最後的五年〉，告誡自己，也提醒團隊，要趁著這五年時間，努力創新，啟動改變，徹底翻轉我們以紙媒介為主的營運架構。

當時我們雖然已有改變的決心，但要如改變，如何創新，卻完全沒有方向，我們只能摸索。

可是在動手摸索之前，我先做了一個大膽的決定，以表示我的決心。

我試算一下我們公司，當時我們每年大約還可以賺三至四億新台幣，如果我將每年賺的錢中，撥出百分之二十，投入創新，發起投資，這對我們的股東並不太過分，花百分之二十賺來的錢，買未來的想像，值得一搏。

我下決心，每年花六千到八千萬台幣，進行創新投資，這絕對是個大膽的決定，包括我的團隊、我的長官們，他們都表示疑慮，可是我一旦下了決心，就不達目的絕不終止，我決定「獨持偏見，一意孤行」。

就這樣我做了幾項大膽的投資：

第一項是併購了一家新創的部落格平台：PIXNET，後來改為痞客邦，併購完成後，我讓他們放手發展，團隊從最原始的四個人，快速擴展為二、三十人，再擴張為五、六十人，我採取完全信賴的態度，讓他們走自己的路。

在發展的過程中，每年這家公司都要賠三、四千萬台幣，每年歲末年終，我都要反覆煎熬：這家公司有希望嗎？我還要繼續支持嗎？

每年都是一個痛苦的抉擇，所幸當時我做了一個決定，在財務看不到好轉時，我只能看關鍵績效指標：流量，如果量有成長，代表這家公司正朝好的方向發展，就值得繼續投資，這成了我持續支持痞客邦最佳的理由。

到二〇一二年，痞客邦在台灣最重要的競爭對手「無名小站」，無預警關門，這給了痞客邦非常好的機會，能在台灣一統天下，痞客邦的經營從此步上坦途。

我做的第二項數位創新，是創立了一個線上的創作、出版、銷售平台，名為POPO原創網站，這個網站提供了所有想寫書、出書的人，可以在網路上開一個帳號，進行創作，作者可以選擇把作品在線上公開，供讀者閱讀，可免費，也可收費。這是一個線上創作、編輯、出版平台。

我會做這個平台，主要是我擔心，如果哪一天在網路上出現一個經營出版的野蠻人，摧毀了實體出版的架構，那我們在實體世界的地位將一夕覆亡。

有了這個擔心，最後我下決心，與其擔心別人顛覆我們，那為什麼我們不自己顛覆自己呢？我決定先自殺以求生存，自己下手做一個未來平台：

這個平台無中生有，過程極為痛苦，所幸我的團隊韌性十足，發揮了要在沙漠中種出作物的精神，一步步緩慢前進，每年都有成長。

我們做的第三項數位創新，是把原有的圖書、雜誌所經營的讀者，複製成各種垂直的社群。IT的雜誌、女性的雜誌、家居的雜誌、旅行的雜誌等類型，分別建立線上的網站社群，我們先用已生產完成的內容去吸引讀者閱讀，進而經營各種垂直社群。

我們所經營的各種社群，大大小小不下數十個，我們追逐流量成長，再用流量變現，我們下決心，只要各種類型社群存在，就算紙媒介雜誌式微，甚至消失，我們的線上社群仍然可以存在。

我們做的第四項數位創新是app的實驗。

app是iPhone獨到的發明，行動網路的生態圈席捲全世界，我們也成立一個團隊，專門開發各種app，我們應是台灣經營app的先驅，最多的時候我們上架了數百個app，總下載數也達到數百萬人。

只不過app的實驗，我們始終找不到生意模式，我們發覺永遠無法回收app的開發費用。在歷經了幾年的測試之後，我們終於在二〇一三年放棄了app的實驗。

以上四項數位創新，每一項每一年都要花掉一、兩千萬，到三、四千萬，而總數也剛好是我們公司每年獲利的百分之二十左右，約六千到八千萬，我義無反顧，獨持偏見，一意孤行，下決心走到底。

所幸皇天不負苦心人，到了二〇一五年底，其中兩個單位：痞客邦及POPO原創，同時由負轉正，雖然這一年賺的錢極為有限，但這無疑是漫漫長夜中的一線曙光，我們正式宣告城邦集團進入全媒體的時代，我們不再只是傳統的紙媒介公司。

從二〇〇八年到二〇一五年，這八年的時間，是我們公司創新、創業的關鍵時期，雖然我已進入馬順之年，但是我從不停滯，我永遠在吸收新知，永遠在網路的第一線，和所有的年輕人一起打拚探索。

我永遠是戰場上的戰士，我會奮戰到人生的最後一刻，創業之心，永不停息。

第 5 章

把愛傳出去

幾個投資及輔導創業經驗

當我的創業歷程逐漸穩定下來之後，我開始分享我的創業經驗，也協助一些年輕人創業，我變成投資人，也變成創業輔導教練。

我不記得我的創業分享及輔導是從什麼時候開始，好像一直都有一些人，會透過各種關係找到我，有的是在創業遇到困難時，來請教我如何解決，有的則是在尚未創業時，就來詢問如何啟動創業，我一向來者不拒，知無不言、言無不盡，盡可能給予幫助。

我的心情很簡單，在我創業時有這麼多好朋友、親人，在資金、建議上給我幫助，給我這麼大的空間學習、摸索，他們都不企求我回報，現在我也應該把這種愛傳出去，協助即將創業的人，走出創業之路。

其中有許多是我團隊中的成員，當他們想創業的時候，我義不容辭。我會提供他們想法，協助他們完成創業規畫，必要的時候，也協助他們募資。

其中有一個非常能幹的業務主管，曾經銷售過房地產，後來離開我的公司，決定重回本行開房屋仲介公司，我不只成為他的創業教練，而且還參與投資，協助他完成募資。

他做了兩年的房屋仲介之後，決定轉行到電腦系統軟體業，我繼續扮演同樣的角色，他雖沒有賺到大錢，但創業的過程算是平順。

這個案例讓我充分理解，**創業者本身是成敗的關鍵，只要創業者本身是對的，不論他遇到什麼困難，都能解決**。

另一個案例則完全相反，一個創業者要到大陸創業，我非常鼓勵他，也全力協助他，但他在大陸的生意，每隔一段時間就資金告急，一再增資，最後我不得不親赴大陸仔細瞭解，但他的說法總是千篇一律：人生地不熟、團隊成員不佳、資金不足等，而最後的結論是：只要再投入資金就可以改善，我相信了幾次之後只好放棄。

事後我發覺，他開的小工廠，理論上該親力親為，但他始終待在上海市區的辦公室，幾乎從來不到工廠，工廠交由大陸的朋友管理，這個他相信的大陸友人吃他的、用他的、拿公司的產品大做人情。他和我年輕時一樣，創業是玩具，幾乎犯了創業所有可能犯的錯，當然不會成功。

其實我只要從財務報表中檢查，很容易看出問題所在，但我沒想到他會犯如此基本的錯，所以錢一借再借。

還有一個案例是一個出版同業，他開的是一家小出版社，過去我完全不認識他，在財務已周轉不靈時透過我的一個編輯找到我。一對年輕的夫婦，小孩剛出生，先生有一些才氣，只是心太野，擴張太快，以至於局面失控。我心生惻隱，傾當時我所有的財力——幾百萬元協助他，希望能救回他的出版社，但是沒能成功，公司最後還是清算。

這個年輕人事後告訴我：他會記得這一段，在有生之年他會報答我，我告訴他別在意，我只是「把愛傳出去」，報答那些過去幫助過我的朋友們，他只是那個接受到幫助的人，只要好好奮鬥，別想太多。

另一個案例也類似，又是一個我完全不認識的人，我的編輯告訴我，他的一個朋友經營一家公司，發生困難，希望我能給他一些建議，結果我一再的在資金上協助他，但最後也不能改變什麼，這個公司還是解散。這個創業者後來也只好重回打工生涯，這又是另一個接受到我「把愛傳出去」的幸運兒。

資金與管理並行

從這幾次之後，我確定一件事，那就是資金一定不是關鍵成功因素（key success factors, KSF），從此以後，我的協助一定是資金與我的know-how及管理一起並行，這樣才有機會協助創業者成功。

我更清楚的理出創業的關鍵成功因素：（一）創業者本質好不好？人對不對？（二）生意模式是不是符合時代潮流？大眾有無需要？（三）才是資金、團隊、技術等其他因素。

從此以後，我把我的創業協助分成兩種情況，一是「把愛傳出去」的回報，這個模式以兩百萬元為單位，只要人對，值得信賴，我就參與、就投資，但更重要的是，我每個月會找這些創業者來吃一頓飯，瞭解他們的營運狀況，也給他們一些建議，讓我寶貴的創業經驗能有所作用。（**創業陷阱㊿**）

創業陷阱㊿：我不是「天使」投資人，因為我的錢很少，但我是很好的創業教練，分析別人的案例，總比分析自己的狀況更靈台清明，所以我決定善用自己的強項，不再做盲目的天使。

另一個模式比較傾向投資，我會仔細檢查所有的環結：人、生意模式、團隊、能力、方法等，而投資金額也較大。這個模式我要考驗自己的眼光，也在證實我是否能真正看透創業的風險和過程。

其實我有許多讓自己覺得驕傲的經驗，有一家公司在籌備時我沒趕上投資，但在他們經營一年多後，公司仍處在虧損與困難之時，我發現了這家公司，經過瞭解後完全符合成功的因素，人對、生意模式正在成形，而團隊、態度各方面都正確，我拜託這家公司讓我投資，完全不擔心他們仍在虧損，經過三年的一再請求，他們終於開放了一點小股份給我。

後來這家公司幾乎年年賺進一個股本，每年分股配息、賺錢對我而言都不重要，重要的是我證明了我的觀察能力。

現在我每個月都要參加很多次像這樣的餐會，一方面繼續「把愛傳出去」，另一方面也看住我的投資，讓我的創業經驗能對年輕人產生幫助。我很樂意這樣做。

PART 2

創業十三律

創業第 1 律

以身相殉律

- 以身相殉的創業家精神
- 成王敗寇自己來

創業第一律：以身相殉律

定律解讀：

（一）創業是非常人的道路，沒有穩定、沒有安全，只有劇變、只有起伏，要不成功，要不失敗。成功則功成名就，衣錦榮歸，失敗則身敗名裂，一無所有。創業者要有「以身相殉」的心理準備，拿一生的性命，賭未來的成功。想安定者莫進此門，不能承受風險與挑戰者莫進此門。

（二）創業是條不歸路：一旦啓動，不能停止，結局也只有成功、失敗兩種，停滯、不上不下都只是過程，半途收山的代價很高，所以創業貴在慎始，不可有「試試看再說」之心。

（三）創業的成功率不高，約只占兩成（我的直觀判斷），因此大多數人淪為敗寇，不可不知。

適用時機：

創業前及創業初始。

以身相殉的創業家精神

在創業之前，要先確認何為創業家精神。

創業家能扮演變革救世主，他們與一般工作者最大的不同是他們有「以身相殉」的概念。創業主，事業的好壞就是他的好壞，事業好他得到名利，事業不好他也化為灰燼。但專業經理人沒這件事，船要沉了，他想到的第一件事情是拿起救生衣逃命，不是在這裡守到最後一刻。

這種堅持到底、絕不退縮、不惜搭上性命的創業家精神，也就是「以身相殉」的態度，是當下金融亂世，撥亂反正最需要的良方。

創業家以身相殉的精神，包括三元素，第一是行為上的負完全責任：當責（accountability）。這是西方管理學界上世紀末以來最流行的管理話題，香港及大陸翻譯為「問責」，而其真正的含意是要為結果負完全的責任。不管是誰的錯，你要對所有的事概括承受，你一肩承擔，以問題解決、目標達成、結局完美為最終目的。創業家成王敗寇的宿命由此而來，在成功與失敗之間，沒有模糊的空間。

創業家精神的第二項元素是態度上的無我。你會以企業的最高利益為優先，就算違背自我的利益也在所不惜。典型的例子就是，為什麼宏碁創辦人施振榮會說：「我寧可丟掉經營權，也要讓企業賺錢，讓企業能夠活下去。」奇美創辦人許文龍會說：「只要奇美光電能存活，老闆不一定要是我。」他們都以企業的利益考量，沒有自我，這是創業者最偉大的情操，絕非一般執行長所能及。

創業家精神的第三元素是「創新」。他們不滿於現狀，他們會有破壞性的改變，他們追逐更完美，不惜自我否定，也就是經濟學家熊彼得（Joseph A. Schumpeter）講的，要能「創造性的破壞」（creative destruction）。

台灣過去的創業家，頂多是追隨現況的創業家，是跟隨者，不是規則制定者的創新。因為以兩千三百萬台灣市場為基礎，不容易成為全世界市場的規則制定者，但在金融風暴下，我們有機會把台灣、中國想成一個市場，這就有全新的可能。

大膽想（think big）是創新的核心元素，在金融風暴下，也要有重塑商業規則的氣派，不僅是在現況中解決問題，還可以徹底創新競爭規則。

創新的另一個要素是自我否定與否定過去，如果無法否定過去，你就無法啟動變革。你要有心理準備埋葬自己。你要先自覺才能重生，先自殺才能重生。如果對現在的方式還有一點眷戀，你就沒有機會改變。在金融風暴中，原有的舒適圈現在已變成一個痛苦的房間，停在當下，只有死路一條。

把過去的想法全部歸零，這個社會正在等待每個角落、大大小小、不同想像的各種創業家。把亂世當成一種機會的開始，而不是當成悲劇的結束，準備奮力一搏，變革就啟動了。

測試你對工作「以身相殉」的指數

這是一項完全自我坦白的心理測驗，請不要用社會的價值觀來回答，而要以最真實的態度自我坦白，請作答。

	題目	你的答案
1	你服務的公司，對你的意義是？ ①壓榨你的組織 ②用勞力交易金錢的對象 ③對你有恩的組織	
2	**工作對你的意義？** ①養家活口 ②有事可做 ③實踐理想	

	題目	你的答案
3	**找工作時，最在意什麼？** ①薪水 ②行業前景 ③是否與興趣吻合	
4	**在工作報酬中，你最在意什麼？** ①固定薪水 ②績效獎金及紅利 ③股票選擇權	
5	**下列工作中，你會挑哪一項（若薪水接近）？** ①知名大型公司經理 ②中型公司副總 ③有潛力小企業總經理	
6	**訂工作目標時，你會：** ①保留實力，訂低標確保完成 ②按實力有多少訂多少 ③樂觀想像，高目標自我挑戰	
7	**你做事的態度是：** ①保留實力，交差就好 ②跟大家一樣就好 ③全力以赴做好	
8	**當公司分派一項非你職掌的工作要你完成時，你的反應是：** ①又來找我麻煩 ②不滿意只好接受 ③又有表現的機會	
9	**你的付出與所得，公司與你誰有利？** ①你有利 ②雙方都有利 ③公司有利	

	題目	你的答案
10	**當你看到報紙上有公司經營困難，要求員工降薪的新聞時，你直覺的反應是：** ①公司又在壓榨員工 ②不知誰對誰錯 ③公司一定有不得已的困難	
11	**當你接受新任務時，你首先考慮的是：** ①做不好會有什麼傷害？ ②試試看再說 ③做好有何獎賞？	
12	**如果因績效不佳被降薪，你會：** ①強力抗爭 ②默默接受 ③自我檢討	
13	**被老闆要求而接受了高難度的工作目標，你的想法是：** ①氣憤難平罵老闆 ②人在屋簷下，不得不低頭 ③老闆可能有道理	
14	**當你負責的事發生錯誤時，你最先想到的是：** ①誰該負責 ②尋找藉口 ③尋找方法解決	
15	**公司要調動你的工作時，你的態度是：** ①除非我喜歡，否則我不接受 ②如果不滿意，也只好接受 ③只要公司需要，都全力配合	
16	**別人工作不力，導致你的工作績效不佳，你會：** ①責怪別人 ②自認倒楣 ③協助他人做好	

	題目	你的答案
17	**看到別人犯錯，可能導致公司受損，你會：** ①不關我的事 ②替公司擔心，但無能為力 ③婉言規勸，讓錯誤不再發生	
18	**當公司與你自己的利益相衝突時，你會選擇：** ①對自己有利 ②不知如何處理 ③對公司有利	
19	**你有一項資源，當公司需要時，你會：** ①不動聲色，不讓公司使用 ②計算利害後決定是否給公司 ③主動奉獻給公司使用	
20	**當你在一家公司工作五年之後，遇公司面臨困境時，你會：** ①尋找其他工作 ②看看再說 ③做到最後一刻，協助公司度過難關	

問卷設計：何飛鵬

結果診斷：

一、計算回答③的總數：

③的數目在10題以下，你是一般正常的工作者，以自己為重。

③的數目在11至15題，你應該是主管，會被公司委以重任。

③的數目超過16題，那你有創業家傾向，有為公司以身相殉的態度，有做老闆的可能。

二、回答①都是傾向以「自我為重」，回答③都是傾向以「公司為重」。

成王敗寇自己來

每個人創業的原因都不一樣，但最可怕的是，在沒想清楚創業的真相，就走上創業之路，而一旦面對痛苦、風險、煎熬、劇變，又後悔，無力承受而崩潰放棄，這是最大的悲劇。

怕熱就別進廚房，創業是高熱的鍋爐，要創業前先想清楚吧！

一位讀者在演講場合問我：為什麼這麼喜歡創業？是什麼樣的動機促使我一輩子都在創業？

現場我無法仔細說明，但這是一個十分重要的問題，每一個徘徊在生涯抉擇的十字路口的人，都應該仔細思考。

雖然我是一個天生的創業者，身上流著冒險犯難的血液，但要不是幾個讓我難以忘懷的場景，令我印象深刻，我也不見得會走上創業之路！

這些令我印象深刻的場景，都是在我當記者時，在第一現場採訪幾個知名公司倒閉的新聞所見到的。

台灣知名的十信案，當老闆蔡辰洲出事倒閉時，我遇到一位十信的高級主管，他努力的在十信工作了一輩子，即將升到一個他夢想中的職位，這是他期待一輩子的目標。但十信一夕間倒閉，他一生的努力化為烏有，在我面前他沒有呼天喊地，但魂遊身外、大悲無淚，我感同身受。

台灣另一個知名的貿易公司倒閉，我遇到一位總機小姐，在採訪時她幫了我許多忙。她告訴我這是她應徵了許久才得到的工作，而現在因為老闆經營不善，她又要重回尋尋覓覓的日子。雖然我試圖幫她介紹工作，但在那不景氣的時代，隨時丟掉工作的風險永遠存在。

工作者是「油麻菜籽」？

這些令人傷心的場景，都讓我體會到工作者的為難，**工作者是「油麻菜籽」，掉落在肥沃的田裡，可能可以長得好；不幸掉落在貧瘠的田裡，可能永遠也發不了芽。而就算在好田裡成長，也可能會因為環境變異，而枯萎夭折。**

工作者是把主控權交給老闆、交給公司，期望尋找一個欣欣向榮的公司，追隨一個英明神武的老闆，隨著公司成長的浪潮，自己也得到安身立命的空間。

但事與願違的風險永遠在，就像我所見到的這些案例。這些可憐的工作者，努力認真的做了所有的工作、完成了所有的任務，但最後卻隨著公司、老闆而跌入了萬丈深淵。

我油然而生「成王敗寇自己來」的決心，**選擇當工作者就是期待安定，丟掉自主權、配合公司，吃一碗安穩的飯，可是如果安定無法確保，那何苦要委屈自己呢？不如選擇創業，成王敗寇自己來，這就是促使我走上創業之路的真正原因。**

我時常勸年輕人，在不瞭解自己的性格之前，不要輕易走上創業之路，因為創業的風險、變動、不安……，不是每一個人都能承擔的。有冒險性格、喜歡挑戰的人，才是創業的上選人才。

但是，人生的際遇不能安排、無法規劃，最安定的個性，命運之神卻可能給了你最大的人生變動。如果一個人把安定變成人生最大、最重要的選項，你不見得會得到安定，你只會得到每日憂心害怕變動，你會為可能的變動惶惶不可終日。

想一想「成王敗寇自己來」的瀟灑痛快吧！人生有時需要不同的思考。

後記：

❶有人是天生的創業家，沒有風險、平凡的事，他沒興趣，只有創業才能滿足，這種人百不擇一，大多數人不是這種人。

❷有人創業，想的是賺大錢、成大業，但另一個可能卻是墜落萬丈深淵，一廂情願者莫進此門。

❸二十一世紀最大的變動，就是好公司會倒、政府會倒、國家會破產，想領一份安穩的薪水，要祖上有德，因此與其領薪水、看別人臉色，不如自己創業，這又是另一種思考。

創業第2律

不自由律

- 沒有自由的人

創業第二律：不自由律

定律解讀：

（一）一般人對老闆最大的錯誤認知是老闆可為所欲為，擁有最大的權力，可以一言而決，可以做他想做的事，如果你因羨慕老闆的自由而想創業，這是絕對的錯誤。

（二）公司中老闆最大，但老闆還有更多老闆。客户、股東、員工、外部關係人、媒體都是老闆的老闆，這些人都可以讓公司績效不彰，老闆都要看這些人的臉色。

（三）正確、效率、節省成本、有效解決問題，這些都是老闆的老闆，創業者所有的決策不能違背這些原則，不能為所欲為，老闆想怎麼做不重要，做「對的事」才重要，沒有「老闆學問大」這件事。

適用時機：

創業全程。

沒有自由的人

人活在世界上，一切都被系統與制度所制約，家庭、公司、政府分別管理某些部分，人的自由有限，因此對「揮灑自如」的自由都格外想望，而企業中的老闆，通常是權力最大、自由度最高的代表，但這只是表象。

創業與當老闆的真相正好相反，他們是絕對沒有自由的人。

好朋友約我打球，問我什麼時間方便？我說假日方便，但也要事先約定。他又問：「週一到週五上班日不行嗎？」我說：「要上班，除非先請假。」他又問：「你不是自我創業當老闆嗎？有人會管你嗎？」

對這個問題，我就不知怎麼回答了。因為剛創業的時候，我確實以為「我最大」，我決定一切，不會有人管我，但在歷經無數的挫折、失敗之後，我知道我不只有人管，管的人還真多，多到讓我成為最不自由的人。

年輕時，積極想創業，其中一個原因，確實是以為老闆擁有絕對的自由，想上班就上班，想做什麼就做什麼，想怎麼做就怎麼做，可以完全否定別人的意見，多麼權威啊！

因此當我開始創業時，第一個學到的也是當家作主的決斷與權威，也是那種愛做什麼就做什麼的自由。在我自己的王國裡，我主宰一切。有時候，因為在外面受了挫折，回到公司裡，甚至還會更加咨意放縱自己的權威，來自我滿足、自我補償。

幾次創業的失敗，讓我確定我是不入流的創業者，我是不合格的老闆，而自以為「沒有人管」，又是其中的關鍵錯誤之一。

「遵守承諾」是創業者的基本法則

時間的不自由，是我最先體會的事。創業初期，我自己也是最關鍵的工作者，往往我負責的也是最重要的事，因此，很可能啟動是我、整合是我、結案也是我，如果我隨便更改時間，整個團隊、整個工作就全亂了。我要遵守承諾，準時完成所有的事，才能讓公司有效的運作。我是老闆，可是我卡在工作流程，我完全沒有自由。

我創業初期的失敗，就是我放縱自己，讓時間流逝、工作失控。

接著我徹悟的是工作的不自由與快樂的不自由。理論上所有重大決定都會到我身上，如果有A、B、C三案，我可以決定任何一案；如果沒有明確的方向，東南西北可以任我決定；我也可以隨心所欲的提出我的創意，顯示我有多麼英明，要同事跟隨我的直覺前進。不管工作進行到哪裡，我都可以用一通電話，讓所有人暫停、轉向、重來。這恐怕是創業老闆最傳神的描述：隨心所欲，操控自如。

問題是決策的寫意，會因成果不彰而幻滅，財務報表用滿堂紅字對我的愚笨表示抗議；工作團隊用腳投票，表示他們要遠離老闆。我**唯一能做的是不再揮灑自己決策的自由，仔細觀察團隊的意見與反應，仔細思考環境的變化與暗示，小心謹慎的做出正確的決定，以確保最後的結果完美**。

我的決定不再是「我喜歡」，而是可行、效率最佳；我的決定不再是我一言而決，而是團隊認同相信。我成為沒有自由的人！

表面上，老闆擁有絕對的權力，但要用「絕對的不自由」來制衡，和團隊、和客戶、和股東、和環境相互妥協，找出不隨心所欲的正確決定，才能持盈保泰。

後記：

❶創業其實是很可怕的事，想想看許多行業，你一旦創業就不能停止，像餐廳，不論刮風下雨，客人會上門，你不能隨意休息，這是不自由。

❷創業通常是做生意，給錢是大爺，只要對方是客户，你能挑客户嗎？生意上的名言是「爭財不爭氣」，指的是不要和客户過不去，不論你有多討厭他，你有多生氣，你都要笑臉相待，這又是不自由。

❸創業者其實是要有最高的自律與自我控制能力。

創業第 3 律

挑戰不足律

- 創業從不足開始

創業第三律：挑戰不足律

定律解讀：

（一）創業就是用最少的資源，挑戰不可能，以獲取成功時最大的報酬。所以有白手起家的故事，有五千元、三萬元創業成功的故事，資源不足正是創業的基本原理。

（二）資源的不足，包括許多面向，資金不足只是最外顯的事實，其他如能力、團隊、關係、技術等也都不可能充分。這些都需要靠創業者用決心、用毅力、用全力投入去克服，能克服資源不足，創業才能成功。

（三）合理的資源投入、完整的規畫、充裕的培育期，這些都是大公司啓動新事業的「不效率」做法，絕不可與個人創業相提並論。

適用時機：

創業全程，尤其是創業籌備初期最重要。

創業從不足開始

創業遭遇困境的機率很高，在成功之前，無不困難重重，而最壞的藉口就是資源不足，如果你把資源不足視為困難，那你還不是一個真正入門的創業者。

創業最大的關鍵，就是用較少的資源，完成目標，以創造最大的獲利。

我有過一次非常不愉快的投資經驗，一個親戚想創業，我成了義不容辭的投資人。因為是親戚，也就省略了所有的檢查和控管流程，只有在他有不得了的困難時，我才有機會去瞭解。只是每一次瞭解都會以再拿錢投資收場，這成了我最痛苦、最兩難的投資經驗，碰不得、說不得、退不得……。

其中我也嘗試盡力協助，但經過幾次的溝通之後，我決定放棄，因為這位主事者連最基本的創業觀念都沒有。

第一次溝通，這位創業者告訴我，因為對環境不熟悉（創業地點在大陸，不在台灣），所以做錯一些判斷，如果有人告訴他大陸的一些潛規則，他就不會犯錯。

第二次溝通，他告訴我，他的團隊成員不足、不夠好、工作者不稱職，所以他做不好……。第三次溝通，他又告訴我，他手中的資金不足，如果資金充足，他就可以買到更低的原料，可以買更高效率的機器，可以有更低價的產品，就可以賺錢……。

幾次的溝通，都歸納出一個結論：「不足」，從環境的理解不足、團隊能力不足，到資金不足。對這位主事者而言，創業所需要的資源，沒有一項他足夠，因此經營不善，理所當然。

「不足」才是創業的起點

不幸的是，**「不足」正是創業的真相，創業就是從一個人的想像出發，用自己的能力、決心、毅力，突破所有的不足，包括理解、能力、資金、團隊等的不足，開創出一個全新的生意，把夢想變成真實，這就是創業**。

而學院派的經營課程，對新事業的投資、創辦，則有不同的說法。事前要做市場調查，要做可行性分析，要做競爭對手比較，要寫完整的事業經營企劃書，要有幾年的財務試算，要有執行時間表，要有組織團隊規則，要慎選執行長……。

學院派的說法都是對的，但這些絕對不是個人創業，而是大企業要新創事業的做法，個人創業只能用自己的能力和想像，能做多少算多少，在事前的準備、資源的整合、團隊及成員的組建上，絕對不會足夠，「不足」才是個人創業的真相。

創業之所以吸引人，也是因為用較少的投入，創造風險極高的新事業，這是從零到無限大的過程，因此「不足」是無中生有的想像，是醜小鴨變天鵝的奇妙旅程，而創業也就是這種平民百姓，進身億萬富豪的途徑，不足是創業的起點，是內涵，是原罪，是不可或缺的一部分，**如果有創業者把創業失敗的理由，怪罪為不足，那這個人完全沒弄清楚創業是怎麼回事，根本沒資格創業**。

我寫這篇文章時義正辭嚴，但這是歷經幡然悔悟的過程，在我早期的創業過程，我曾經和那位親戚一模一樣，怪罪所有的事，抱怨「不足」，而不知錯在自己。一直到我體會到「不足」的道理後，創業才豁然開朗。

後記：

❶好的創業者不會談不足，只會談如何解決不足。如果缺錢，好的創業者談的是如何找到錢；如果找不到錢，他會想，可不可以轉換方法，用比較少的錢做事，而不是一直在抱怨缺錢。

❷抱怨資源不足，是一般主管會做的事，也是一般公務員常犯的毛病，他們會說「巧婦難為無米之炊」，但創業家不會這樣做。

創業第 4 律

態度至上律

- 創業第一天就預約成功
- 測試人生的極端值

創業第四律：態度至上律

定律解讀：

（一）創業是不斷失敗與不斷成功的過程，為何會不斷失敗？因為觀念不正確，因為不瞭解創業的原理與真相。而一旦觀念正確、態度正確，你就踏上成功之路，剩下的就是倒數計時等待成功來臨。

（二）正確的觀念態度是什麼？相信認真、全力以赴會成功；相信真正解讀使用者的困難、滿足使用者的需求會成功；相信童叟無欺、道德至上會成功；相信表裡如一、堅持到底會成功；相信皇天不負苦心人、辛苦耕耘的人會成功；以上都是。

（三）至於其他創業的要素：錢、能力、方法……，只要創業者對了、觀念對了，這些要素都可改變，也會被解決，所以態度至上。

適用時機：

創業前及創業全程。

創業第一天就預約成功

管理學上常說的一句話：「人對了，事就對了」，也適用在創業上，創業者幾乎決定了一切，而且對的創業者幾乎注定了從創業第一天就成功。

這是台灣知名房仲公司信義房屋周俊吉的故事。

激勵大師在上激勵課程時常說：「當下想通了，你就成功了」，這聽起來像在催眠，也像在變魔術，有人真的會相信：當下，立刻就會成功這件事嗎？

我沒上過激勵課程，也不相信成功有速成這種事，但**我相信只要觀念正確、態度正確，從你決定創業或正式開始創業的那一刻起，你就注定未來會成功，剩下的就是你怎麼堅持到底，始終如一的走下去，一直到成功到來的那一刻為止。**

這是我相信的創業邏輯，只要開大門、走大道，觀念、態度正確，老天爺在你度過各種磨難後，終究會用成功回報你。這樣的信念，最近我又得到一個正確的佐證，那就是信義房屋周俊吉的創業故事。

台灣信義房屋老闆周俊吉成功的創業故事我早有耳聞，當我受邀為信義房屋的企業傳記為文推薦時，更讓我感受深刻。正確的態度與觀念，就好像是飛機起飛的時刻表，在你創業之初，就已經預定了飛機起飛的時間，你只要按部就班、認真工作，時間一到，創業成功就像飛機一樣準時起飛。

在時間上，這雖然不是創業第一天就成功，但已具備了成功的要素，也已一定程度預知了成功的結果，離「創業第一天就成功」也不遠了。

如果創業的第一天就可以預約成功，那需要什麼樣的觀念、態度呢？根據周俊吉的說法：講信重義是核心。房屋買賣最需要的是信賴，因為涉及買賣雙方最大的資產交易，因此當信義房屋以信義為號召，再加上給業務員的高底薪、低獎金制度，自然就形成了信義房屋客戶利益至上的企業文化，久而久之，信義房屋最刻板、最僵化的制度，統一了房仲業界，也讓自己成為最好的房仲公司。

犧牲短期利益、堅守核心價值

這個故事，說明了最笨、最基本的做人道理，也隱含了企業成功最深奧的學問。

問題是大多數的企業會這樣說，也會有類似的企業信念，但真正把這種精神融入在每日的企業經營中，並真正做到的公司，卻少之又少。因此這些珍貴的價值，就慢慢變成象徵性的口號了。

因此**企業經營，不在於有崇高理想的企業精神，更重要的是如何堅持這些看起來虛腐，做起來未必能立即見效的原則，並且把這些核心價值落實到日常的工作中，這才是創業成功的真正關鍵**。

犧牲短期利益、堅守核心價值，是企業經營樹立典範的有效方法。信義房屋用最嚴格的海砂屋認定標準，寧可拒絕到手的生意，替業主把關，這就是堅持。每一個具有崇高理想與經營原則的企業，都要歷經無數次嚴格的考驗，當你能拒絕短期的利益，謹守原則，長期就會獲得客戶及大眾的信賴。

我們無法正向表列，哪些是正確的觀念、態度，會讓創業者預約成功，但只要是做人的基本原則，己所不欲，勿施於人，可能都是企業經營不可或缺的精神。

後記：

❶態度是創業成功的關鍵：但並不代表很快就會成功，因為還要算上學習的時間、時機時運的因素，有許多人雖然態度正確，但也要歷經長期的折磨。我在《商業周刊》的創業，以及統一企業經營超商的過程也都歷經了七年的煎熬。

❷我無意貶低能力或方法的重要，能力對、觀念錯的人，雖然也會有成果，但終究會犯錯，最後又會打回原形，所以觀念態度還是最重要的因素。

測試人生的極端值

創業就是一個人的變身過程，從貧窮到富有、從平凡到成功；從能力不足到能力完備，每一個階段，創業者都在向前，向上推升自己的人生境界，不斷測試自己人生的極端值，就是創業的真諦。

每隔一段時間，我一定會提出新事業的創辦計畫，或推動大型具高難度的工作企畫，總之，就是要把我已經漸趨安定的工作方式，再度推向更困難、更具挑戰性、更不確定的情境中，而我自己也會全力以赴、打起精神，享受御風疾行、挑戰高難度的樂趣。

有人問我，為什麼已屆退休之年，還能夠保持如此高的鬥志，對風險甘之如飴，完全沒有安定退縮的打算？

我沒想過這個問題，但也順道整理了一下自己的工作邏輯。**我發現我是戰士，在戰鬥中我得到人生最大的樂趣，而一旦戰爭結束，生活安定下來，我就覺得人生無趣，我就會為自己開啟另一個挑戰，發起另一個戰爭。**

創新事業就是我人生的戰爭，因為新事業充滿了不確定、充滿了危機、充滿了挑戰，當然也充滿了高獲利的報償，每啟動一個新創事業，我就回到從前、回到年輕時代、回到活力無限的戰鬥中。

這是我天生的性格：喜好新事物、喜好冒險、挑戰不安定，我不能要求每一個工作者和我一樣，不見得每個人都能承擔高壓風險，也不見得每一個人都適合冒險犯難。但是適度測試自己人生的極端值，倒是豐富自己閱歷的必要手段。

每個人的人生都不是平的，都充滿高潮起伏，這些高潮起伏都是人生的極端值，代表了一個人的人生有多豐富、有多曲折、有多戲劇性、有多麼值得回味與咀嚼？

不斷挑戰人生最大的極端值

想一想，你最快樂、悲傷的事是什麼？你歷經最大的痛苦是什麼？你面臨危險的情境是什麼？你賺過最大的錢是多少？你賠過最多的錢是多少？你做過最瘋狂的事是什麼？這些都是你人生的極端值。

當然人生的極端值也可以很生活化。你住過最貴的旅館在哪裡？你吃過最豪華的餐廳在哪裡？你花過單筆最大的錢是什麼？你去過人生最難到達的地方在哪裡？你去過地球上最原始的地方在哪裡？你去過最好玩的地方在哪裡？這些經驗都讓人回首一生時，覺得殊堪告慰、不虛此行。

人過五十，我開始利用所有可能的機會，測試各種人生的極端值，我才發覺我過去的人生太專注在工作與事業上，我是一個「生活無趣」的人，這是用「享樂人生」的角度來思考。

但我也有值得告慰之處，在工作、事業與挑戰上，我搭上了人生的超級雲霄飛車，我歷經了鬼門關前走一回的風險，也歷經了一夜點石成金的夢幻，我還歷經了長達十年隨時可能倒閉的折磨。當然我也曾意氣風發過，一個「生活無趣」的人，在事業上卻歷經了人生最大的極端值。

我看到許多的年輕人，死守家園、選擇安定、畏懼困難、遠離風險，我不禁想問，你願意你的人生就在餐廳、客廳及臥室中度過嗎？你要的就是偶像劇裡的虛幻人生嗎？

後記：

❶一個讀者看到這篇文章，引為知音，因為他也充滿了鬥志、充滿了活力，我很高興有同好，這或許是社會進步的原動力吧！

❷創業者是個戰士，不論面對什麼樣的敵人，都會挺身勇敢面對。害怕只會降低你的勝率，絕無益處。

創業第 5 律

一人決勝律

- 老闆的唯我定律
- 紅塵浪裡，千山獨行
- 就只責怪我一人

創業第五律：一人決勝律

定律解讀：

（一）創業通常從一個人起心動念出發，但不論起動時的團隊有多少人，真正成功的關鍵因素，都在創業家（老闆）一個人身上，成敗都由老闆一個人來決定，成也老闆，敗也老闆。

（二）在創業的過程中，創業家是孤獨的，你領導團隊向前邁進，關鍵時刻，所有人仰望你聖裁獨斷，創業家要一肩扛起。

（三）創業家在創業中，要演所有的角色，要演最後的守門人，要演超級MVP，只要有空檔，創業者就要補位，就要立即解決，沒有任何理由。

適用時機：

創業前的認知，創業全程都適用。

老闆的唯我定律

在我痛苦的創業過程中，我曾經一直檢討別人、檢討環境、檢討方法，但都未見成效，一直到我開始檢討自己，我發覺我才是問題的根源、創業失敗的凶手。

有一則上班族諷刺老闆的笑話，員工守則一：老闆永遠是對的。員工守則二：如果老闆是錯的，請看守則一。這則笑話道盡了員工的無奈，人在屋簷下，不得不低頭，大多數的工作者都是在這種無奈與妥協中存活。

這個笑話的背後是老闆的全知全能，完全負責，無可推託。

在我辛苦的創業過程中，有很長的時間，公司都處在水深火熱的倒閉邊緣，那個時候，我做得最多的事是檢討環境、檢討生意模式、檢討團隊、檢討工作方法，試圖從這些外在的因素中，尋找問題的解決方案，但我從來就沒有想到自己，不曉得一切的根源，一切的錯誤，可能就在自己身上。因此一切的努力都歸無效，不論是生意模式、團隊或方法，雖然有所改變，但是掌控這些變數的關鍵因素——自己，並沒有改變，所有的問題也就仍在原地打轉，解決一個問題，產生新的問題，公司的情況改變有限，水深火熱依舊！

一直到我從外界檢討而得不到答案時，才逼不得已的回頭看看自己，是不是因為我不對，才使所有的事都變錯了？這才是一切改變的開始。

對的老闆也能把錯事做對

我的想法有錯，我的態度不對，我的判斷失誤，我的用人失當，我的方法不正確，這些都是問題的癥結，所有的根源都在「我、自己」。當我想通了這個道理之後，**我知道答案不在外界，答案在自己，一切先想改變自己，當自己的觀念、想法、做法改變了之後，再嘗試改變外界。**

有趣的很，當我自己改變了之後，過去很多我認為有問題的事，忽然就變得不是問題，很多事自動就迎刃而解了。

這就是我體會出的「老闆的唯我定律」，對的老闆會做對事，就算事情是錯的，對的老闆最終也會把錯事做對。如果事情是錯的，一定是老闆有錯，因為你決定了一切關鍵，你選擇了時間、選擇了市場、選擇了生意模式、選擇了團隊、選擇了方法，而所有外界的因素，都是因你而來，因你而設，就算外界的因素有錯，也只是小錯，真正的大錯，在自己身上。

不論你是老闆，還是主管，「唯我律」是最基本的認知，所有的答案，不在外界、在自己，你有最大的權力，你也決定了一切，包括所有的錯事！

後記：

❶有記者訪問我，《商業周刊》為何如此成功？我回答：「當我離開，不經營《商業周刊》後，它就成功了，因為我是錯誤的根源」，這不是謙虛的話，這是肺腑之言，而我也因徹悟、自我調整改進，日後的創業才能免於失敗。

❷老闆做了所有的事，包括對的與錯的，要為所有的事負責，包括成功與失敗。

紅塵浪裡，千山獨行

不論創業的團隊有多大，關鍵時刻創業家（老闆）永遠千山獨行，沒有人能為公司的成敗負全責，也沒有人會在公司毀滅前，陪老闆走完全程（老闆也不應有此期待），所以創業家要能忍受孤獨，要有勇氣一人面對所有的事。

一個多年不見的老友約見面聊天，我欣然應邀，沒想到老友的會面，變成相互安慰、互吐苦水的場面。這位老友創業多年，算是事業有成，但最近幾年遇到外在環境的變動，經營陷入困境，他的困難是團隊中沒有人能替他分憂，一切問題他一個人一肩承擔，高高在上的老闆，他感受到的卻是孤獨無助。

我也深刻體會這種「紅塵浪裡，千山獨行」的感受，表面上公司裡架構嚴謹，分工設職、各有所司，日常狀況正常運作，不成問題。可是在關鍵時刻，整個團隊似乎都派不上用場，關鍵的決定，沒有人敢提供明確的建議，只有我自己能決定、能負責。處境艱難的時候，往往也只有我自己去面對。

所有創業者必須面對的真相

縱有千軍萬馬，在關鍵時刻、在艱難之際，老闆往往是那個「千山獨行」的一人團隊。兩個老友，談到老闆的孤獨、談到創業者的寂寞，深有同感，也相互慰藉。

這種「千軍萬馬中的孤獨」，是所有老闆必須面對的真實，這與團隊是否健全無關，這也與公司規模大小無關，這更與老闆個人做人的成功與否無關。這種孤獨不是《左傳》所言「眾叛親離、是謂獨夫」那種錯誤失敗的領導。這是創業者、老闆、CEO都要嘗試面對的真相。

創業者最容易體會到這種「千山獨行」的孤寂。在創業初期，你從一個人的想像出發，這是千山獨行；在創業遭遇困難的時刻，所有的員工都可以跳船求去，只有創業者不行，你要死守到最後一刻，這又是千山獨行；在公司瀕臨倒閉之際，所有的投資人、股東，都可以放棄，只有創業者不行，因為你要為所有的人負責，更要為自己負責，這更是千山獨行。

度過創業困難的大老闆，很容易忘記千山獨行的真相，因為身邊兵多將廣，需要御駕親征的機會極少，但忘記千山獨行真相的老闆，很容易失敗。

道理很簡單，專業經理人所做的決定絕對是安全的決定，而不是最聰明、最有效率的決定。放棄千山獨行的老闆，等於是放棄老闆「聖裁獨斷」的角色，如果是這樣，那老闆就應該徹底退出經營，不要扮演任何角色，否則有權不用、有責不負，公司必出大事。

大老闆的千山獨行，可能是一意孤行，也可能是英明決斷，但這都是老闆該演的角色。就算老闆一意孤行，鑄成大錯，老闆自己會受到最大的傷害，也怨不得別人。至於英明獨斷的決策，成功的背後也代表著需冒極大的風險，這種狀況有誰能替老闆做決定呢？縱然有千軍萬馬的大老闆，仍然需要保持「千山獨行」的孤寂與清靜。

在企業高度競爭的紅塵浪裡，創業者的千山獨行，是一種折磨，是一種痛苦，也是一種懲罰。但要度過重重危機，獲得最大的成果，千山獨行也是創業者必經的歷程，也是不能或缺的能力，必須坦然面對，不能逃避。

後記：

❶創業初始，創業者當然是一人千山獨行，一人演所有角色，如果你抱怨沒人幫你負責，那你還不是一個創業者。

❷老闆永遠要假設「只剩我一人」時還能走下去，創業才能成功。

就只責怪我一人

創業永遠不順利，遭遇困境時你會責怪誰？誰都不能責怪，因為就算找到凶手，但最後的虧損、失敗，也都是老闆自己要負責。

所以，與其指東說西，不如一力承擔。

一個部屬找我投訴：他說他的主管是一個沒有擔當的人，當團隊發生錯誤時，主管通常是把責任推給屬下，偏偏這些錯誤通常是主管自己的決策失誤，可是這個主管仍然是找個倒楣鬼頂罪，不肯承擔責任。日子久了，他們對這個主管完全喪失信心，只好找我反應。

就算部屬不說，其實這個主管的問題我早已看在眼裡，我找來這位不敢負責的主管，說了一個故事：

二次大戰結束前，盟軍選擇在諾曼地登陸，登陸的前一天，盟軍統帥艾森豪將軍（Dwight David Eisenhower）在下達登陸指令後，拿出紙筆，寫下了一段話：我們的諾曼地計畫失敗，我已下令撤軍。我決定在此時此地登陸攻擊，係根據情報所做的判斷，所有的軍士都勇敢盡職，若要責怪，就只責怪我一人。

這一段話是假如登陸失敗，艾森豪將軍要用來向新聞界宣告自請負責之用。只是後來諾曼地登陸成功了，這一段話沒有成為事實，但艾森豪將軍的態度與擔當則留名千古。

我告訴這位主管，作為領導人，要一肩扛起所有的對與錯，絕對不可以「天塌下來，肩膀一歪，壓死一千人等」，這種主管是不會有人信賴追隨的。

這位主管似乎不完全認同，他問：「如果部屬有錯，難道我們不該追究責任，也要替他們承擔嗎？」

我說：「部屬有錯當然該追究，但作為大主管，應該先負責，再究責。負責是對公司、對上級的追究，概括承受所有的責任，因為未能完成任務，或發生任何錯誤，身為部門主管難辭其咎，因此應先負起所有責任。至於究責，是在內部進行檢討時，再實事求是的追究相關工作的責任，而不是直接把上級的責難直接讓屬下承擔。」

我很想講得更明白：「主管的不負責任，是不承認自己的錯誤，把錯誤推給部屬、怪罪旁人、賴給環境與運氣，這是不負責任主管更不可原諒的錯誤。」

其實「就只責怪我一人」是領導者被信賴的最高境界，這種主管敢作敢當，像巨人一般頂住半邊天，任何時候，只要大家全力以赴，面對任何危難、危急的處境，他都會一肩扛下。這種主管會為部屬負責到底，部屬有錯，內部檢討；部屬沒錯，更是完全信賴。

這種領導人，透過日常的相處接觸，大家都知道他是可以終極信賴的人，不論如何艱難，他都不會出賣部屬，「就只責怪我一人」的主管，是部屬願意無怨無悔效力的對象，他的團隊往往在關鍵時候，會發揮不可思議的力量，突破艱難的困境。

「就只責怪我一人」更是老闆及創業主最重要的信念，老闆本來就要為事業的成敗負完全責任，不論誰該為錯誤負責，**老闆都要為錯誤承擔最終結果，因此抱怨部屬、責怪他人，只會讓團隊離你而去，更彰顯你的無能與不義而已！**

後記：

❶「就只責怪我一人」並非鄉愿、不追究問題的根源，而是自我認知的態度，老闆要一人決勝、一人傾覆，這才是真相。

❷這不是鼓勵創業者所有事都親力親為，只是要讓團隊知道老闆有肩膀、可信賴，他們做事才不會瞻前顧後。

創業第 6 律

團隊極小化律

- 團隊極小化律

創業第六律：團隊極小化律

定律解讀：

（一）團隊薪資及延伸的相關費用，通常是企業經營最大的支出，而且是固定支出，不會因營業額小而減少，因此團隊規模的大小會決定企業損益平衡的高低，規模越小，越容易平衡賺錢。

所以開創時團隊極小化，風險越低；正常營運時，團隊極小化，毛利越高，獲利也越高。

（二）分析新創事業的性質，把工作歸納為幾個不可或缺的分工，必要時一人負擔多種角色，這樣就可以減少籌備及新創期的基本團隊規模。

（三）團隊極小化的另一說法是，每一個功能角色，都要是熟練、專業、能獨當一面的人力，因此慎選團隊成員。

（四）團隊極小化指的是人力運用的最高效率，要比競爭對手更精簡，所生產的產品及服務就更有競爭力。

（五）團隊極小化的加入原則是：「為解決人力不足不得已而加入」，不是預先加人準備業績成長。強調增加人力的「Just in Time」。

適用時機：

創業初期最需要，會影響創業成敗。創業全程也都適用。進入穩定階段，此定律會變成影響毛利的關鍵。

團隊極小化律

如果可能，創業我寧可由「我」一個人開始，因為這樣風險最低、效率最高。如果要有第二個人，那是因為我已經完全不堪負荷，不得已才加人。在不確定創業成功時，要用最少的人力投入，一直到已經看到成功的可能，再酌量增加人力。

創辦新雜誌是過去二十年來我不斷重複做的事。最頻繁的時候，一年要創辦好多本新雜誌，因此創辦新雜誌在我心中，早有最佳工作典範（best practice），而其中最關鍵的規則，就是團隊極小化定律。通常我會用三個人組成核心團隊，這是創辦新雜誌最有效率的規模。

這三個人的組合是一人掌管內容（總編輯）、一人負責廣告（廣告業務經理）、一人負責行銷，掌管上市行情規畫以及其他籌備階段的所有雜務。這是經過無數次的創辦經驗後，縮小到不能再小的團隊規模，也是成功創辦的最佳保證。

我不是要教大家如何辦雜誌，大多數人可能也沒興趣瞭解媒體經營，但這個經驗說明了創辦新事業的「團隊極小化」律，對每一個企業經營者都有參考價值。

用三個人組成核心團隊

新事業創辦，通常代表高風險。在高風險中，最低的投入成本，回收最快，風險最低。最小的工作團隊投入成本最低，道理簡單明白，不須多言。但如何讓團隊極小化，卻是最大的學問。

早期我們辦雜誌，沒經驗，總是想籌備充分，謀定而後動，因此戰力多多益善，每個功能性的部門都要有人負責。有些單位一人不夠，還要兩人，超過十個人的籌備團隊經常出現。但人數越多，溝通越複雜，爭執越多，意見越不一致，整體戰力反而不易發揮。

第二階段，我們確定每個功能性的部門只要一人，而有些小的功能，可合併成一人負責。經過這樣的精簡之後，籌備團隊大約可縮小為六人：統籌一人、內容一人、廣告業務、發行各一人、上市行銷企畫一人、後勤一人。這樣的團隊果真成本降低，而且效率提升，新雜誌的成功率也更高。

經過這樣的實驗後，我們再進一步簡化為前述的三人團隊。取消的是統籌一人，由三人中最有經驗的人兼管，通常是負責內容的人兼任；發行業務及後勤，則併入行銷企畫一併負責，因為在籌備階段，這些工作不多。這是我們證實最精簡而有效的團隊，這些know-how的形成，證實我們是最專業的雜誌經營團隊。

因此創辦新事業，籌組團隊的第一步是針對那個新事業的需要，展開所有功能性的工作，這代表最多需要多少人展開籌備；第二步再把那些非核心，而且分量不重的工作合併或縮減，這樣籌備團隊就可大幅縮小；最後一步，再逐一檢查剩下的團隊編組，針對每一項工作，假設如果沒有人負責，會不會有困難？如果困難不大，就可以刪去，團隊可更小。這可能就是最小化的創辦與籌備團隊。

當然最小化的籌備團隊組成後，溝通、謀合、取得共識、默契是重要的工作，然後隨著工作的進展，可以視必要逐步增加人手，一直到接近全線啟動時，就全員到齊投入創辦作業。

「團隊極小化」定律中可能遭遇最大的困難是團隊成員的抗拒。這些負責籌備的工作者如果膽識不足、挑戰心不夠，通常會要求更多的人力，那麼團隊極小化就不可能完成，因此選擇創辦成員又是另一項新創事業的學問。

後記：

❶有位讀者問我，三個人怎能辦雜誌？我回答：一個人也可以辦雜誌，看用什麼規格？什麼方法？辦什麼雜誌？如果你心中還有「必要規模」這件事，那你還沒想通創業的千變萬化。

❷極小化團隊在創業初期是不合理的風險控制，成功後人力要合理化，對創業期投入的開創員工，也要合理回饋。

創業第 7 律

立即賺錢律

- 開門第一天就賺錢
- 問題不要留到明天

創業第七律：立即賺錢律

定律解讀：

（一）這是創業中有關資金使用的態度、方法：創業中資金都是不足的、有限的，一旦啓動創業就要用最快的速度產生正向現金流（賺錢），這是態度，也是決心。

（二）立即賺錢指的是虧損期最短、虧損金額最小：最好是開業第一天就賺錢，如不能，也要限期達成平損，先完成單月平損，再完成穩定賺錢，再按目標填平累積的虧損。

（三）不能有長期投資、日後慢慢賺錢的觀念：因為長期投資是大公司才有能力負擔的，不是創業者該做的事。創業者資金一旦賠完，很可能就沒有翻身的機會。

（四）陷入虧損：創業計畫受阻時，要想辦法立即止血，不論用什麼方法，都要先設法停損，不可以拖延，因為這時是走向倒閉的倒數計時，要掌握搶救時效。

適用時機：

啓動創業，到創業穩定存活期，必須嚴格遵行。

開門第一天就賺錢

擺地攤的人，不會等到明天才賺錢，每天都要算帳，看今天賺多少，這是創業最基本的原理。只是大多數創業者都忘了這件事。先籌備、布局、投資再慢慢賺錢，這是創業最大的錯誤。

把「開門第一天就賺錢」當作你的信仰吧！

創辦《商業周刊》，是我最刻骨銘心的創業經驗。不到一年，就把一千兩百萬資本賠光，只好向原股東繼續增資，大家再拿出一千兩百萬，可是一年多，又虧損完畢，不得已，又繼續增資，這次再增加兩千四百萬，股本總共增加到四千八百萬。但惡夢仍未結束，股本又膨脹到七千兩百萬，這一連串的賠錢、增資經驗，讓所有的夥伴們痛苦不堪，每天都在絕望邊緣煎熬。

在《商業周刊》之前，我還有幾次的創業經驗，但每一次也都賠錢。創業就是虧損，幾乎變成公式，讓我不得不仔細思考，到底發生了什麼事？

一次擺地攤的經驗，讓我徹底改變做生意的想法。一次夏天的園遊會，我到現場擺攤賣冰棒，人山人海的遊客，我努力吆喝，幾千枝冰棒販賣一空，當天結帳，我賺了不少錢。這是簡單清楚的生意邏輯：每枝冰棒賺十元，一千枝賺一萬元，每天開門，每天賺錢。生意就是要賺錢，而且是當天就要賺錢。

用嫉惡如仇的態度面對問題

我知道我的問題出在哪裡，我把創業看成太偉大的事，缺少了擺地攤那種立即要賺錢的動機與戰力。我總覺得創業要慢慢來，準備、嘗試、培養、上手……然後穩定，然後上軌道，然後才開始賺錢。

我不知道時間是生意最大的成本，每天一開門，人事薪資、房租、水電、固定開支……錢就不斷付出，遇到問題，我好整以暇，慢慢解決。遇到可能的生意，我不知道當下立即就要把生意拿到手，我不知道稍一遲疑，生意就不見了。總之創業是偉大的事，要仔細規劃慢慢來，不需要立即搶錢，立即賠錢。

從此以後，我為自己寫下了創業的關鍵法則：「開門第一天就要賺錢」。這包括了明確的賺錢動機，立即賺錢的想望，簡單明瞭的生意模式，以及高效率的執行……。

為了完成這個終極目標，我把所有的創業規畫放在心中，時時觀察、時時分析、仔細規劃，不放過任何細節，在我徹底明白生意模式以前，絕不啟動創業，因為一行動就要賺錢，至少要透徹賺錢邏輯。

為了完成這個目標，我也極端的縮短開案期，讓開辦費趨近於零，我知道準備期越長，成本越高、風險越大。

我發覺：太長的準備開辦與熱身期，是生意虧損的最大原因，因為只要出現單月平衡賺錢，就表示生意模式確立；但持續虧損，就表示一切都還不確定。**突破虧損的最佳方法，就是用嫉惡如仇的態度面對問題，立即解決開辦準備期所發生的障礙**，我前幾次創業的失敗，都是給了自己太多的理由、給了自己太多的時間，甚至是我自己沒準備好當一個銅臭味十足的生意人，沒有飢渴與貪婪，創業注定會失敗。

而**創業就是逼自己接受一個不可能的任務，「開門第一天就賺錢」也是創業認知的第一課**。

後記：

❶很少人能開門第一天就賺錢，但有此觀念，你賠錢的時間會最短，虧損會最少。

❷創業者錢少、氣短，一定要對賠錢嫉惡如仇。

❸創業前先去擺擺地攤，體會一下每天數鈔票、每天賺錢的感覺吧！

問題不要留到明天

「書生造反，三年不成」，書生創業更麻煩，創業本身就是草莽的事，讀了太多書，有太多想法，凡事講究合理，遇到問題時反而不能即時有效處理，坐視虧損繼續發生，最後病入膏肓，無藥可救。

台灣首富郭台銘的習慣是隨時採取行動，不管今天是工作日還是假日，不管現在是下午兩點還是半夜兩點。每一個鴻海的高級主管可能都有這樣的經驗，睡覺前、休假時，被老闆臨時召見，立即奔赴公司，立即處理事情的經驗。大多數人談到這情形時，談的都是郭台銘的凶悍與不合情理，但很少人去解讀，這種行為其實是一個創業者立即處理問題的態度。

我的另外一個相對的經驗是：集團內的一個團隊面臨經營上的困難，我一再要求他們做一些事，降低規模、降低成本、改變工作方法，但他們總是以各種理由拖延，或者象徵性的敷衍，以至於這個團隊永遠在存活邊緣掙扎。

面對虧損要立即止血

後來我採取了釜底抽薪的做法，讓這個團隊採取內部創業的形式，獨立自負盈虧運作，所有的問題要自己解決。沒想到過去我一再要求但都做不徹底的事，在他們獨立之後，全部立即執行，而且做得比我的要求還徹底，更決絕！

這兩個例子，都說明了一件事，**作為一個獨立創業者，一定要劍及履及的處理問題、解決問題，絕不可把問題留到明天，尤其是那些會導致虧損的問題，更務必要立即「止血」，要替公司保住戰力、保住元氣。**

這是創業老闆與工作者最大的差異，**工作者：虧損是老闆的、問題也是老闆的，對虧損沒有切膚之痛，但改革和改變卻會立即增加工作上的困擾、增加工作量，因此對問題先是視而不見，再來是大事化小、小事化無，湮滅問題、隱藏問題。當老闆開始追究時，就是推、拖、拉，非得被逼到死角，才要採取行動。**

這樣的員工，這樣的主管，最後一定是被組織邊緣化，也是當企業進行組織重整時，第一波被裁員、資遣的員工。

創業者則不同，「見善如不及，見不善如探湯」，沒發現問題就算了，可是一旦看見問題，那就非得立即處理不可，這就是為什麼郭台銘不管何時、不管何地，找來主管，立即處理，給人蠻橫不近情理的印象。

我無意評論郭台銘，更不是要替郭台銘的不近情理找理由。我只是要強調，這種立即止血、不要把問題留到明天的態度，是作為一個創業者必要的認知。

其實，創業者沒有郭台銘這種大老闆的好命，創業者不會有人使喚，更不會有人代你去處理問題，有的只是自己動手的親力親為。因此如果要蠻橫不近情理，只是對自己蠻橫、對自己不近情理，要鞭策自己立即下手、立即面對問題。不管是風大雨急，不管是三更半夜，不管是端午中秋，只要問題在那裡，創業者就不能停息，要立即處理。

表面上，問題不等同於虧損，不見得會立即連結到財務報表，但只要問題存在，就會變大、就會蔓延，最後都會以財務報表上的赤字，處罰老闆、處罰創業者。

員工或者可以無視問題，但**主管已經要為成果負責，就不能無視問題的存在，這就是所謂的「當責」，其實「立即止血」是每一個對自己有期待的工作者不能或缺的認知。**

後記：

創業者通常沒有龐大的團隊，所有的問題都要自己處理，所以創業者要把「止血」當作第一要務，而不是做一些緩不濟急的事，因為「止血」是創業中最重要且最緊急的事。

創業第 8 律

最後一元律

- 最後一塊錢

創業第八律：最後一元律

定律解讀：

（一）資金是創業的血脈，處理資金問題，永遠是創業成功的關鍵。而在創業中遇到困難時，如何爭取最大的生存空間、時間，以扭轉創業的困境，就是要避免花光手上可用的資金。最後一元律，就是此時的救命法則。

（二）下定決心，絕不增資，把手中的現金當作是最後一筆錢，這是創業者的基本認知。

（三）一旦這是手中最後一塊錢，非到最後一刻，絕不能花費。或者確定花費這一塊錢時，百分之百有把握賺回另一塊錢，才可以出手。每天都要精算每一筆支出。

適用時機：

創業遭遇困境時。或者更積極的從創業初始，每一塊錢都要如此看待，那會得到最大的創業試誤空間。

最後一塊錢

如果手中有源源不絕的資金，那不需要珍惜，集資而成的創業最容易陷入一再增資的狀況，因為錢賠光了，所有股東一起負責，經營者沒有「斷炊」的壓力，結果通常鬧得不歡而散，股東反目。

二〇〇七年，《商業周刊》安靜的度過二十週年，現在的《商業周刊》坐穩台灣第一大雜誌，當年一再虧損、一再增資的窘境，已少有人知。可是對我而言，那可是我最重要的創業實驗，從那一段痛苦的日子，我用「最後一塊錢」的心態，度過了最艱難的時刻。

不斷賠錢、不斷增資是恐怖的夢魘，原因除了我的經營不善、策略不明之外，還有一件事，就是花錢不當。剛創辦時，雄心萬丈，什麼都想做，所有的錢都該花，錢很快就花完。增資後，又一樣作為，錢也很快又花完。到第三次增資時，所有的股東們近乎翻臉，我知道這是我們的最後一筆錢了，如果又賠完，不會再有任何錢進來了，我們要小心謹慎的使用這些錢。

儘管如此，我們還是不知如何善用金錢，想省錢也沒方法。一直到所有的錢又快賠完時，我們才真正覺醒，如果沒有非常手段，我知道我們沒有機會反敗為勝了。

守著手上僅有的一點錢，我告訴我自己：**要把每一塊錢當作最後一塊錢，要把每一塊錢用在最關鍵、最緊急、最有效益的地方**。我完全放棄了正向思考，採取了完全不講理的逆向思考方式。

精算成習，花在刀口上

要花任何錢之前，我會問：不花會死人嗎（這只是比方）？如果不會，不花。如果會，再問：誰會死，重要嗎？如果是不重要的人，也不花；或者：這一塊錢花下去會有效益嗎？如果百分之百絕對有效益，才考慮；接著還要問：有幾倍的效益？倍數不高也不花。總之，在「最後一塊錢」的邏輯下，花錢變成絕對的罪惡，我變成不可思議的守財奴。

可是儘管如此，我們還是花光了手上所有的錢，然後進入借錢周轉、寅吃卯糧、長期跑三點半的日子。當我們處在倒閉邊緣的時刻，「最後一塊錢」已經不是假設的情境，而是活生生的現實，每天我們都要和最後一塊錢告別，軋完這張支票，下張支票的錢不知道在哪裡。

我很清楚，如果沒有「最後一塊錢」的邏輯，我們無法撐那麼久，也等不到團隊改善，更等不到環境與運氣的改變。

從此以後，「最後一塊錢」化為我內心的一部分，當我變成經營者，當我身負組織團隊的成敗責任時，我謹守每一塊錢，節儉成習、勤儉經營、精明花錢。雖然這與我的個性相去甚遠，我大而化之、不拘小節，討厭斤斤計較，但我知道，面對經營、面對團隊、面對創業的成敗，最後一塊錢的小心謹慎，是必要的罪惡。

「最後一塊錢」代表的不是小器，而是花錢之前的審慎、精算與分析；也不代表不敢花大錢，因為**只要經過精算後，該花且有效益，最後的一塊錢與最後的一百萬、一千萬，是一樣的意思，只要精算成習，錢就會花在有效益的刀口上。**

後記：

❶對獨立籌資的創業者而言，手中的資金可能是辛苦儲蓄得來，也可能是借來的，也很可能花完了之後，就再也沒錢繼續投資，因而很自然的就會慎用每一塊錢。

❷當我回憶這段創業過程時，有時我會覺得如果股東們對我壞一些，不要給我這麼多次機會，可能我的徹悟會更早一些，也不會浪費股東這麼多錢，當然我自己的浪漫是公司陷落的最大凶手！

創業第 9 律

欲求不滿律

- 創業從憤怒開始
- 五斗米的背後

創業第九律：欲求不滿律

定律解讀：

（一）此定律用在創業的項目、行業選擇、描述所創事業成立的核心原因，以及使用者對創新事業產品或服務的購買及使用動機。

（二）創業會以產品或服務呈現，每一個新創事業一定代表了社會（消費者）對某一種需求的欲求不滿，一定是某種使用需求的不方便、無效益存在；或者是某一種困難，亟待解決，這些事都代表社會上有欲求不滿，而滿足這些需求，就是創業機會。

（三）創業者對這些未被滿足的需求，有深刻感受，或憤怨、或生氣，油然而生挺身而出的解決動機，這是最典型的創業故事。從解決自己的困難，到變成生意、替大家解決困難，完全水到渠成。

（四）把社會的「欲求不滿」變成創業機會，這只是生意。但最高的層次是生意背後有信仰、有熱忱、有高端的價值論述。如太陽能事業、有機產業背後的綠色地球主張，出版事業背後的全民教育主張等，信仰會使需求理想化、合理化、社會公益化，讓賺錢有更高的動機與價值。

適用時機：

創業選擇時，並在創業中全程遵守。

創業從憤怒開始

每一個人在生活上都會感到不足、不便，每個人也都會看到社會上的不公不義，大多數人選擇忍受，但少數人決定挺身而出改變它，這是社會進步的動力，因為不滿、因為憤怒，拔劍而起，決心登斯民於衽席。

在商場上，消費者的不滿、不便、困難，也是創業者最大的機會，創業從憤怒開始。

一九九四年，我開始嘗試學習使用電腦，電腦雜誌是自學者的重要工具，可是買了電腦雜誌之後，我發覺看不懂，當然也學不會，而這樣的學習過程更是痛苦不堪。受到這樣的教訓，我決定辦一本讓大眾看得懂、學得會的電腦入門學習雜誌，這本雜誌就是《PC home》月刊，當時創刊時喊出的「無痛苦學習」的口號，幾乎成為學習商品的經典宣傳文字。

同樣的劇情，我第一次買了房子，在新房裝修的過程中，我買了本土的雜誌參考，但十分不滿意，只好再買英文的雜誌、圖書參考，我發覺感覺好多了。裝修完新屋之後，我決定辦一本裝潢家居的刊物，這就是台灣現在十分受歡迎的《漂亮家居》月刊。

需求不滿就是生意良機

「讀者有困難，我們提供解決方案。」這句話成為我經營媒體的核心理念，可是身為讀者、身為芸芸眾生的一分子，我之所以會創業，原因在於我感受到不足、體會到不滿，而當不足與不滿更強化為憤怒時，我就決定要改變、要創業，因此創業從「憤怒」開始。

這樣的想法，支持我創辦了許多雜誌，但這樣的觀念從來沒有在腦中清晰而完整的呈現。一直到二〇〇七年，我出版了日本知名設計大師村上隆的《藝術創業論》，在台北小巨蛋的演講中，村上隆說出了「創作從憤怒開始」的理論，瞬間創作連上創業，藝術家的創作來自不滿、來自憤怒；企業家、生意人的創業也一樣來自不滿、來自憤怒、來自決定以自身之力改變社會的決心。

當「創業從憤怒開始」的觀念靈光乍現之後，我開始仔細的檢視一生的創業歷程，發覺憤怒幾乎無所不在，一直在內心深處觸動我的改變動機。

當我是小老闆，發覺政治權威與商業利益扭曲了新聞專業時，我決定有一天我要辦一份獨立、中性、客觀的媒體。當我是小職員時，發覺公司內是非不明、組織混亂，我告訴自己，有一天我要創立一個公正、公平、公開的組織，讓所有工作者安心工作。當我覺得老闆唯利是圖、苛扣員工時，我期待未來我的公司能和所有夥伴互利分享。當然更多的是，我看到大眾有困難、有需求，而未被滿足時，那是機會、那是市場、那是生意人千載難逢的良機！

憤怒與單純看到的生意機會完全不一樣。生意機會是生意人天生的賺錢動機，目的在改造個人的財富與生活狀況，那是一種生意人精準而理性的計算。而憤怒不同，我們看到社會的不平、不足、不滿，而決定挺身而出，嘗試改變，有時候那不只是理性分析，而是一種發願，一種捨我其誰的反應。

沒有憤怒的生意會賺到錢，但未必完成個人的自我實踐；沒有憤怒的生意，只是籌碼的增減，不會讓人尊敬；沒有憤怒的生意，只是個人賺錢的工具，跟社會的改變沒關聯。從事沒有憤怒的生意，你只是個生意人，多幾個錢罷了！

後記：

❶創業的初始動機一定是賺錢、自我財務能力的改善，但客户為何要接受你的商品呢？因為你解決了他的困難，所以「尋找未滿足的缺口」是創業之源。

❷創業的高端論述，是改變社會，讓社會更合理、更進步、更公平，這就要在生意之外，增加道德、理想的層次，「憤怒」就是另一種情緒動機。

五斗米的背後
——信仰

工作不只是工作，工作背後要連結興趣，才會有更大的學習動機，更大的投入動機；而生意背後也要連結信仰，才能熬得住苦，守得住寂寞，等待市場勃興之時。

一個年輕人下決心想創業，他告訴我他看到綠色環保、健康的商機，他要做有機食品的相關事業，我非常認同，因為這是走在趨勢、潮流上的產業，只要努力堅持，市場會越來越大，是未來社會的熱門產業。

可是我問了一個關鍵問題：「你是把『有機』當生意，還是真的相信有機、實踐有機、信仰有機？」

這個問題的標準答案是：兩者皆是。作為有機創業者，既要相信有機、實踐有機，把有機當信仰，也要把有機當生意。

我怕的是如果他只把有機當生意，這個領域是啟蒙中的先導行業，並不是社會中的熱門領域，難免有它寂寞孤獨、慘澹經營的過程，沒有信仰，很難支撐下去。

工作者與創業家的差別

再者，經營未來行業，經營社會中具理想色彩的行業，都要具有傳道士的精神，自己就是先驅探索者，要從信仰、實踐中，身體力行作見證，才有機會導引大眾進入，也才有機會把小眾需求變成生意。

這就是工作者與創業家的差別，初始動機都是要賺到足夠供自己所需的五斗米，但工作者通常只要拿時間、專業、體力換取報酬，工作只是謀生的工具，對工作本身並不一定要有認同、要有信仰。而且工作有偶然性、有時間性，因緣際會做了某一個工作，也因偶然而改變、更換，工作只是一個人暫時的停駐，未必代表長久的承諾。

但創業不同，除非創業失敗，不得不停止創業，否則創業往往代表一生的投入，雖然也有人一生創了許多業，可是大多數創業家窮極一生投入一個行業，甚至把所創的業代代相傳，這樣的本質，只是滿足個人的「五斗米」需求嗎？

創業又是另一種高度的競爭關係，要比同業做得更好、服務更佳，鑽研、探索、練習都是必要的過程，這也不是「五斗米」的需求就能做到的。

因此創業從「五斗米」的需求開始，但成功的關鍵，在賺錢的動機背後，還有複雜的真相。

認同、興趣、信仰、願景，是一連串「五斗米」背後的關鍵字，是創業背後常被忽略的真相。

認同是肯定一件事、一個行業，因為你要和這件事劃上等號。興趣是要真心喜歡，做這件事是你的樂趣，因為有樂趣，你會不斷深入鑽研、每天練習、反覆從事，不覺無聊。信仰是要再加上理念與價值觀，這件事不只是一件事，還要有意義、有價值、有理論、有哲學層次，你願意一生奉行不渝。至於願景，是要把所做的事延伸成長期目標，知道終極目的會達成什麼成果，對自己、對社會、對人類，長遠的未來會有什麼改變，會有什麼進步，會達成如何美麗的境界。

這位年輕人選了一個麻煩的創業場域，有機、綠色背後有更多賺錢以外的事，他需要想得更多！

後記：

❶開發未來市場，走在潮流之前，是創新之舉，也是偉大的創業家該做的事，但「先行者」一定要有信仰，才能突破市場未開時的寂寞。

❷就算做一般的小生意，可能不會有深層社會改造意義，但對客户要尊敬，對服務要熱忱，對工作要敬業，這也是另一種信仰。

創業第10律

創新律

- 創業、創新與創業精神
- 尋找不一樣

創業第十律：創新律

定律解讀：

（一）創業在選擇行業、產品之時，在定位及策略上一定要有突破現況、改革現況的想法，這才能避開所有先行者已經擁有的優勢與威脅，這就是創新律。

（二）創新律簡言之，就是用不同於市場已存在的競爭者之方法創業，「不一樣」就是創新，當然創業者如果開創出全新的行業，全新的營運模式，當然更是創新。

（三）創新有幾種可能：

1.從產品或服務性能的改變創新；

2.從目標客户改變創新；

3.從流程與成本結構改變的經營模式上創新。（詳見哈佛學者克雷頓・克里斯汀生（Clayton M. Christensen）著《創新者的解答》，天下雜誌出版）

（四）創新有另一個相關名詞叫差異化，也叫市場區隔，一定要用不一樣的方法，才能確保你新創的事業有存在價值，否則其他也存在的競爭者都已經能滿足客戶時，為何還需要你的存在？

適用時機：

創業籌備時要有創新概念，並確定創新做法。創業後要不斷視客戶反應、市場變動，持續調整創新。

創業、創新與創業精神

如果只是開一家公司，做一個生意，那已經有很多人和你做一樣的事，你的公司為何會被社會所接受？你能成功的原因何在？這是一個創業者必須仔細思考的問題。

讀書真的是一件有趣的事，同一本書，在不同的時間閱讀，就會有完全不同的體會，有時候甚至會覺得就好像是完全不一樣的兩本書一般。

彼得．杜拉克（Peter Drucker）的《創新與創業精神》（*Innovation and Entrepreneurship*）就是這樣讓我感受深刻的書。二十年前，我需要弄懂創業精神（entrepreneurship）的意義都很困難，勉強生吞活剝的把這本「生硬」的管理經典讀完；幾年前又讀了一遍，此時已不用生吞活剝了，可以自己看出一些趣味，也可以感受到這真是一部管理經典。

最近因要談企業創新而重新翻閱，竟然發覺好多模糊的概念，一下就豁然貫通，並且可以有效運用在企業經營實務。杜拉克這本已經寫完二十幾年的書，竟好像針對我的困難而寫，而大師的身影也在我眼中飄蕩。

我最深刻的體會來自創業與創新的關係。

創新的創業風險並不高

杜拉克說：一對夫婦在美國郊區開了一家墨西哥餐館，他們確實冒了一點風險，他們確實在開創自己的新事業，他們是在「創業」，但不是創業家，因為他們沒有任何「創新」（innovation）。

這是在第一章的前幾頁寫的，我一定讀過不只一次，但我從來沒有「讀進去」過，也一直沒有體會，但這一次就徹底解答了我有關創業與創新的差異。

杜拉克又說：具有創業精神的創業，風險並不高。這又給我一個當頭棒喝！因為我一向認為創業的風險極高，成功率可能不到百分之十。但看完杜拉克的說法，我又豁然開朗。

因為杜拉克認為，一般的創業，確實具有高風險，因為大多數人只想做生意，擁有自己的事業，但他們不知怎麼做，也沒有「創新」，更沒有把「資源從生產力較低的地方，轉移到生產力較高及產出較多的地方」，這是法國經濟學家賽伊（J.B. Say）在一八〇〇年對創業家的定義。

明顯的，如果創業不只是開個小店、組個小公司，做一些完全沒有「創新」的事，而能在產品、流程、市場、顧客定位上有突破，那這種破壞市場均衡的創業，成功率當然高很多。與我想像中，只有一廂情願想擁有自己的小公司，想開個小店的單純創業，成功率要高出很多。

寫到這裡，一切都清楚明白。沒有創新、沒有改變的單純創業（我心中原來對創業的定義），風險很高。可是面對市場的不足、需求的不滿足、產品的不好用、產品價格的過高等，都可以是創業行動的機會，只有針對這些現象、這些不足，進行創造性的破壞（經濟學家熊彼得語），這才是真正的創新與創業精神，也才是彼得．杜拉克心中真正的創業與創業家。

所有想創業的人，都應該想的是你看到什麼樣的欲求不滿？可以做什麼改變？而不只是想做生意、賺點錢！

後記：

❶上市場買菜，一個魚販告訴我，他做的都是老顧客的生意，他記住每一個人的習慣、每一個人的出現頻率，熱心的招呼這些老客人，他的差異化是貼心照顧。

❷做老生意（已有很多對手與替代商品）一定要想出不一樣的做法才出手，而不一樣的做法，又要真的讓消費者有所滿足。

尋找不一樣——創新的簡單概念

每一個成功的生意背後，一定有創新的故事，賣棉花糖的小販，靠練習練成精彩的表演，也為棉花糖開創出好生意。

一個賣棉花糖的小販，把賣棉花糖變成一項表演，他順著風勢，將棉花糖慢慢拉遠距離，棉花糖在空中變成一長串的棉絮般長條，他則快速的在遠處把棉花糖捲成團狀，有時過長的棉花糖眼看就要落地，四周觀眾響起一陣驚呼，但他快速趨前，收攏起所有的棉花糖，觀眾掌聲四起，表演完觀眾父母帶著小孩們排隊爭相買棉花糖。

這位小販在不景氣中，為自己求得一家溫飽，他說：「我的棉花糖並不特殊，但我捲棉花糖的技術絕對是國寶級！」

在電視上看完這則報導，小販的表演以及四周父母與小孩的笑臉讓我印象深刻，而每團二十元台幣的棉花糖也變成養家活口的好生意。

這是我看過最平易近人的創新行動，也是最好的企業創新教材。

「創新」無疑已變成當代企業經營最重要的話題，創新就像無堅不摧的利器，是企業競爭、成長的關鍵，只不過創新被視為太偉大的名詞，大多數人對創新「瞻之在前，忽焉在後」，很難把握創新的真諦。

用表演來賣棉花糖的小販，把最不起眼、最普遍的小生意，在產品概念上做了徹底的創新。

棉花糖是小孩的垃圾食物，是可有可無的零食，一般來說是家長會反對的食物。但是這位小販把棉花糖從食物變成一種歡樂的情境，用表演過程吸引了父母親及小孩的目光，在歡樂中父母親忘了棉花糖是垃圾食物，小孩則把買棉花糖、吃棉花糖變成歡樂氣氛的最後高潮，小販的生意當然滾滾而來。

表面上，小販是在販賣過程中創新，自己發明了拉長距離及捲棉花的技術，這當然是創新，只是這背後更是產品概念的創新，也是企業創新行動中最難的一種創新。

用不一樣的核心概念來創業

這個案例說明了創新中幾個最發人深省的隱藏性潛規則：

（一）在任何行業中，都可以有突破性的創新，不論這個行業有多古老、多傳統、多不起眼。

（二）創新不需要偉大，也不必全面，可以從一個小流程、小細節開始。

（三）創新也不見得需要大行動、大投資、大改造，可以由一個人的一個想法、一個行動啟動，這是人人可以做得到的事。

至於如何啟動創新？方法也很簡單，就是「不一樣」：選擇不一樣的市場、不一樣的商品、不一樣的技術、不一樣的方法、不一樣的通路，當然還可以更細微，如不一樣的價格、包裝、功能、使用情境等，這些不一樣，總歸一句話就是「差異化」。

所以要**用最簡單易懂的說法談創新，就是「差異化」，就是不一樣，只要你用不一樣做核心概念，來做事、來管理、來創業，這就可以啟動改變，啟動創新**。

不要再讀厚重管理書籍，想想棉花糖小販的創新吧！

後記：

街頭新開的小店，很容易讓人區分出有無創新作為，有創新作為的店，會吸引你上門，也會重複光顧，想想他們做了什麼，那就是「不一樣的創新」。

創業第 11 律

焦點突破律

- 集中全力做一件事
- 掌握關鍵成功因素
- 搶占制高點

創新第十一律：焦點突破律

定律解讀：

（一）創業必然是資源不足，那要如何在不足中創造出好產品、好服務，以打敗競爭者呢？把有限的資源集中在關鍵的事物中，就可以發揮突破的效果。

（二）何謂關鍵事物：重點、高點、弱點、奇點。重點是產品的核心功能與消費者的核心利益，如醫療產品要有效。高點指的是形象、公益、進步、創新等任何會讓人肯定與尊敬的作為，如永續與綠色企業。弱點指的是針對已存在競爭對手的不足之處下手。奇點指的是用異於常理、常識的作為，引起注意。

（三）平均分配資源在所有的工作上，絕對是錯誤，因為結果是「平均輸」，每一項都輸，焦點突破是要創造單項勝出，以贏得消費者的認同。

（四）尋找突破口，是創業的成功關鍵因素，找到突破口，然後傾全力一擊，形成單點突破，獲得印象與認同，然後再擴大戰果。

適用時機：

創業前要思考創業的突破關鍵，創業後，每完成一次關鍵突破後，要立即規劃下一次的突破。

集中全力做一件事

所有的事情都面面俱到，這似乎是完美的意思，但世上有完美嗎？似乎不可能。我的想法很簡單，做好一件是一件，這是我對自己能力有限的認知，我不能做所有的事，不能心太野，所以我集中全力做好一件事，其他的以後再說。

在一個重點新書上市規畫會議上，總編輯努力的報告相關的行銷計畫，他洋洋灑灑的羅列了各種的行銷活動，由於是重點書，因此預算較充裕，工作規格較大，他幾乎用盡了所有可能的工具，也花光了所有的預算，但似乎還是沒把握。

我問了個關鍵問題：這本書上市有把握暢銷嗎？他不著邊際的回答：「我們會全力以赴。」我再說：「我不要不確定的答案。」他面有難色，不知如何是好。我說：「如果沒把握，那整個行銷規畫要取消，全部重擬。」他畏畏縮縮的回答：「我們已想了無數次，這是我們全力做出的計畫。」言下之意，是不知要如何重做！

這是我不知已經歷過多少次的情境，面對重要產品上市時，產品經理為確保成功，用盡了所有的想像與可能，但卻得到不確定的結果，每一個人都為這件事擔心。

我解決這種情況的方法很簡單：集中全力做一件不一樣的事，如果找不到不一樣的做法，那就什麼事情也不要做，因為做了許多沒把握的事，只是徒然花錢而已。不花錢、不做事，還可以少賠一些。

「備多力分」反而做不好

「集中全力做一件不一樣的事」要具備兩個要件：一是不一樣，另一是全力做一件事。

做不一樣的事是指，如果做所有競爭對手都在做的行銷活動，那消費者早就習以為常，我們跟著做，只是和別人一樣，不會有出奇制勝的效果，因此要傾全力想出不一樣的做法，不一樣就是創新，創新一定是新規格、新想像，才會有好結果。

一旦不一樣的創新做法想出來之後，那就以創新作為核心，把所有的經費、力量全力投入，只做好這一件事，其他的事都可以省去不做了。

做不一樣的事，是要尋求創新作為，這容易理解，但為何要捨棄所有，獨沽一味、全力做一件事呢？

第一：資源、預算不足，是創業的常態，在經費不足之下，如果我們不集中全力做一件事，一定是備多力分，做了很多事，但沒有一件事做徹底、做好，因此要做好事，一定要集中全力只做一件事，先捨而後得，捨棄一般作為，集中創新作為。

第二：全力並非其他事全都不做，而是指將經費、資源的百分之八、九十投入關鍵創新作為，剩下的百分之一、二十，應付一定要做的例行性作為，並非不顧現實的一刀切。

通常被我這樣全盤推翻，並要求他們只提出一項作為後，我底下的主管們最後通常會找出一個完全不一樣的企劃案型去工作。雖然結果未必都成果豐碩，但至少都耳目一新，就算重做，我們也試出新方法，得到新經驗。

面對沒把握的事，不論是新產品、新事業或新專案，我的祕訣只有兩樣：不一樣與全力只做一件事。

後記：

全力做好一件事，這是工作的方法，但創業更是如此，因為資源有限、競爭對手又很強大，我們只能瞄準敵人的後腳跟，然後一箭斃命。

掌握關鍵成功因素

一場球的勝利有ＭＶＰ，事業的成功也有關鍵成功因素（ＫＳＦ），創業要先知道什麼是關鍵成功因素，然後針對這些事做出執行計畫，這樣就有機會寫完計畫就成功。

閱讀各種工作計畫，是我最常從事的工作。而這些工作計畫的最高境界是：當我讀完工作計畫時，模擬一下未來的運作狀況，就確定這項計畫一定會成功，一切都在計畫的掌握中，所有的變數都已經考慮，可能執行的落差也在可管理的範圍內！這種「寫完計畫就成功」，是專案管理超完美境界。

但這種理想狀況很少見，大多數的計畫是描述了很多工作內容，要做很多事，要花很多錢，也提出了專案的工作目標。可是整個計畫與最後的執行成果無法連結。我最常問的一句話是：按照你的計畫執行，你確定會完成計畫的工作目標嗎？

大多數的工作者不能承諾，也不敢承諾專案計畫的工作目標會達成，當然這樣的計畫是不合格的。我開始嘗試解剖那些「寫完就確定成功」的超完美計畫，也讓所有的工作者用同樣的思考，重新做計畫，看看能不能提高計畫成功的達成率。

這種超完美計畫通常有一個特質及一項先決條件。先決條件是工作團隊的執行力一流，絕對不會在執行面出錯，因此只要掌握計畫的「關鍵成功因素」，就有把握成功。而掌握「關鍵成功因素」就是超完美計畫的核心特質。

每一項計畫一定有其核心關鍵成功因素，計畫複雜，「關鍵成功因素」可能就會有很多項。有的因素還互相牽動、糾纏不清，不容易釐清，更不易掌握，這種狀況要完成「做完計畫就成功」的超完美計畫，就不太容易。但也有些專案，其關鍵成功因素只有少數一、兩項，而這一、兩項如果能被仔細分解掌握，那就有可能寫出超完美的計畫。

經過上述的分析、拆解之後，我嘗試寫出「超完美計畫」的SOP：（一）確定計畫目標，只能有一個目標，不能複雜；（二）分析達成計畫目標的「關鍵成功因素」是什麼？而且要確定這些因素與目標完成的關係是「必要因素」；（三）衡量完成這些「關鍵成功因素」的資源是否是組織所能掌握，如果資源不足，就要先解決資源問題；（四）掌握資源後，再針對關鍵成功因素提出明確的工作對策，以確保其完成；（五）完成整個配套的工作計畫。

經過這種SOP完成的工作計畫，通常可簡化為：**目標→關鍵成功因素→達成關鍵成功因素的方法**。這三者之間具有高度的連動性，且有明確的因果關係。如果一切資源都在掌握之中，那計畫寫完就確保會成功。

不過，這種理想境界在實務工作現場並不常常出現，因為資源、環境、執行力等因素，導致很多計畫的成功率並不能完全掌控。

雖然如此，仔細探索「關鍵成功因素」仍具有高度價值，因為找到「關鍵成功因素」，就好像找到開門的方法，有了方法，就可以尋求解答，就算資源不能完全掌握，不確保一定能成功，但成功率的提升是可預見的。

後記：

❶創業的思考與行動一樣重要，而且要思考在前、行動在後，確立關鍵成功因素，在創業前就必須想清楚。

❷寫完計畫就成功，是假設執行力完備，不致在執行面出差錯。

搶占制高點——創業實戰策略作為

這世界永遠記得第一，沒人記得第二，第二只能看到第一的背影，看不到前方，這都是先行者、領先者的地位。搶占第一的制高點，也是創業的利器。

一家大陸知名的電腦及3C賣場，在設立前為了在哪裡開第一家店猶豫不決，因為在他們之前，北京、上海兩大城市，都已經有知名賣場先行開業，取得了先進者的優勢。作為後來者，這家賣場的業者思考要不要在這兩大城市，與先進者正面對決，又怕沒把握，因而取決不下。

經過再三的評估後，他們決定正面對決，因為賣場成不成功，與有沒有競爭對手不直接相關，而與自己是否準備好、是否做對有關。但是在北京、上海成功登陸，其效益都遠大於在其他二線城市，因而不入虎穴、焉得虎子，搶占北京或上海這兩大制高點，才是最關鍵的事。

事後證明，他們的策略是成功的，第一家店在上海成功之後，名揚中國大陸，所有的好機會、好地點，都自動找上門來，這家公司現在已經是不折不扣的中國大陸第一大電腦賣場。

制高點的各種形式

搶占制高點，是現代競爭激烈的商場最重要的策略之一。當市場眾聲喧嘩，如果你和大家一樣，要出頭的代價極高、風險亦大。如果能搶占到制高點，那麼有機會自動取得聚光燈，成為社會眼球的焦點，自然事半功倍。

制高點有各種不同形式，政治人物，要搶占理想、清廉、論述的制高點；高檔商品要搶占高品質的制高點，進而取得高價的制高點；新商品則搶占進步、新鮮或突破的制高點；科技產品則搶占先進科技的制高點。

每一個市場都會依各種指標，形成各式各樣不同的排比與位階，制高點策略指的就是選擇一項對你有利的指標，搶占那個龍頭的優勢，再強化這項指標的地位，自動形成眼光的聚焦。

對新公司或新產品，通常資源不足以打全面性的焦土戰爭，因而選擇一項制高點，投下全部的資源，形成局部優勢，進而形成產品差異化，這就是最聰明的操作，行銷上的制高點策略。

在中國大陸，制高點策略尤其重要。因為大陸幅員廣大，再多的資源，相較於戰場的大而雜，沒有人的資源是足夠的。搶占關鍵的制高點，更是成敗的關鍵。

前面電腦賣場的例子，證明了在上海成功，較諸其他任何城市都有價值。中國大陸以北京、上海為指標，在這兩地成功，就等於在中國大陸成功。占領中國大陸市場，從北京的中關村，或上海的淮海路開始，剩下只是時間問題。

理想亦是操弄制高點的最佳選項之一，誠品以文化理想進軍台灣書店市場，雖然辛苦，但仍然獲得認同，縱使賠錢，亦得到眾多助力。印度聖雄甘地以理念著稱，這又是另一種搶占理想的制高點策略。

做任何事都有制高點的選擇，不論在工作、在生涯、在事業，你是否搶占了制高點？值得大家想一想。

後記：

❶企業經營要成為最大的公司很難，但要在一項指標領先，有策略就做得到，「我很小，但我很貼心」就是例子，找一個有高度的主題下手，創造新創事業的特色。

❷每一個高點，都無法複製，也不會有第二人，所以每一個人都要重新尋找新的制高點。

創業第12律

摸石過河律

- 沒有劇本的演員
- 老闆要先自己走出路來

創業第十二律：摸石過河律

定律解讀：

（一）創業就是用很少的資源、不足的經驗、探索風險極大的成功可能，因此可以規劃、可以分析，但是不可能有明確的程序表、計劃書，要有摸著石頭過河的心情，在不確定、探索中找到方向。

（二）大多數人創業不成，是因為沒把握，不敢下手，或者就算下手創業，也不敢奮力一搏，只敢淺嘗即止，這樣創業，必定失敗。

（三）確定自己的個性、創業決心；選定行業、確定此行業有前景、有機會；再確定關鍵成功因素，準備必要的資源，做出執行規畫，這樣就可大膽下手執行。只不過在執行中，要因時、因地、因狀況隨時尋找最佳對策、最佳路徑，絕不拘泥於原始計畫，這就是摸石過河的方法。

適用時機：

創業全程，隨時隨地都要因應變動，調整對策。

沒有劇本的演員

創業沒有劇本，創業家隨時要應變演出；創業也沒有地圖，走出來就是路；創業也沒有方法，有效就是方法。指南針可以告訴你方向，但不會教你現在怎麼做。現在怎麼做，你要自己摸索。

一個表現非常傑出的主管，外派新事業的創辦主管，我們對他的期待很高，因為他認真負責、全力投入，而且經驗豐富。但結果與我預期的完全不一樣，這個新事業困難重重，計畫一延再延，最後在他自己決定離職下收場。因為愛才、惜才，我們花了很大的工夫，終於才讓他同意回到原單位，回來之後，他彷彿又換了一個人，表現依舊良好，完全不像他在投入新事業時的窘狀。

這個特殊的經驗，讓我一直在思考，到底發生了什麼事？為什麼會有這麼大的差別呢？後來有一次和一位成功的創業家談到創業的經驗，他說了一句讓我徹底驚醒的話：「創業就是在沒有路中能找到路！創業沒有劇本，走出來就是路！」

我終於知道發生了什麼事。工作者有兩種：一種是需要劇本的演員；一種是沒有劇本，自己能創造劇本的演員。創業家能摸著石頭過河，自己寫出劇本，但大多數工作者只能照著劇本演戲：有劇本，他可能是傑出的演員；沒有劇本，一切都不成立。

這位主管就是需要劇本的好演員，在現成的工作上，他表現傑出；但要開創新單位、新事業，他不知所措，他會迷路！

主管要能分辨守成者與開創者

有劇本的事，是已知的事，是現成的事，是有規則、有流程可依循的事，一切都是可計畫而透明的事，也是守成的事。面對這種工作，大多數人只要努力、只要負責，就可以做好。因為舞台已經搭好，演員只要上場，就可以演戲。

而沒有劇本的事，是未知、是探索，有高度風險，沒有現成的路徑與方法。大多數人面臨這種狀況，通常會擔心、會害怕、會手足無措，就算原有能力再強，但演出時往往大打折扣，缺乏章法。

沒有劇本的演員，是開創者、是探索者；有劇本的演員是守成者、是執行者。所有工作者大約都可分為這兩類，但大多數人屬於後者，真正的開創者少之又少，或許數量就是「八十／二十法則」中的百分之二十吧！

作為主管的人，辨認工作者是哪一種人，是重要的事。讓守成者、執行者安於工作；讓探索者、開創者去測試新機會、新事業。用錯了人，那就是一場悲劇；只不過這悲劇的責任百分之百是用錯人、選錯角色的主管。

至於作為主管的人，不論工作的內涵為何，通常都要具有「沒有劇本」、但能開創新局的能力。就算你主管的部門是一個清楚且具有例行任務的團隊，但是主管仍會被賦予一個新的目標，在高效率達成目標的前提下，主管要嘗試新方法、找出新路徑，這都屬於開創與探索的事。因此升上主管，不管你的個性如何，一定要學會探索、學會開創，讓自己變成一個能從沒路中找到路的人。

後記：

❶每個人性格不同，沒路能找到路的人，才是創業家。如果你要有既成舞台才會演戲，你要有劇本才能上場，那你不適合創業。

❷傳統產業還有規則可循，但網路世界的規則不存在，先行者必須摸索、訂定規則，才是網路創業成功的真相。

老闆要先自己走出路來

在探索中，創業者永遠要走在最前面，你不可能指望員工幫你找出路來，一定是創業者找出路、找出方法，教員工一體遵行，老闆在困難中，面對新事務、新想像，一定要先自己走出路來。

一個創業中的老闆，每天在生死邊緣掙扎，因緣際會找到我，希望我能給點建議，我不敢妄下診斷，只能就問題回答。

他說：由於本業要改善很困難，且非一蹴可幾，所以他想做一點相關業務，搶點錢應急。由於此相關業務與其本業正相關，而且有延伸效益，我非常贊同，但接下來我就不能認同了，因為他的執行方法大錯特錯，完全不可行。

他告訴我，他要雇用兩個新人來執行此一專案，這樣才能專人專案全力工作。

我說：用兩個新人啟動專案，注定失敗，絕對不能在公司處境艱難時，做這麼沒把握的事。要做，只有一條路，就是老闆自己先跳進去，完成第一個專案，走出路來，證實可行，並認定工作方法，才由其他專人接手。

這位創業者回答：他現在已滿手工作，根本分不開身，不能再自己下手。我回答：如果這樣，最好放棄搶錢計畫，因為假手新人不可能成功，只會浪費時間、浪費資源，讓他的事業加速衰亡。

老闆永遠是路徑探索者

我的邏輯很簡單：

（一）處境艱難時，做任何事一定要成功才能出手，根本沒有任何犯錯的空間。尤其是「搶錢」的想法，更不能有絲毫閃失。

（二）要啟動任何新業務，風險很高，又不能失手，那一定要由最熟悉、最有把握的人擔綱。這時老闆是不二人選，既不會產生新的人事成本，又最進入狀況，才能確保新事務成功率是最高。

（三）用新人來擔任新業務開發，除非找到有經驗的老手，否則很難成功。但在公司處境艱難時，既出不起高薪，環境又差，絕不可能找到老手、好手，一旦用了無經驗的新人，可能連簡單的工作都做不好，怎能開創新事業呢？所以在這種情境下，增加新人，只會讓他們去當砲灰，平白犧牲，而公司也會增加成本，不可能發揮搶錢的效果。

這其實是簡單的策略思考，老闆永遠要認清自己的角色與任務，也要認清問題與工作的本質，否則隨便提出解決方案，絕對不可能得到好的結果。

老闆永遠是路徑探索者（path finder），老闆永遠是超級銷售員，老闆永遠是關鍵困難的解決者，老闆也永遠要自己「先」走出路來，然後帶領所有的團隊走出迷宮、走出困境。

這樣的思考，用在部門主管身上也絕對適合，承平時期，主管可以分工派職、調兵遣將，就算任用新人，逐步培訓，也是常見的狀況。但是在困難的時候、在陌生的環境、在重要的事務、在危險的工作上，主管都不能缺席。不只不能缺席，還要身先士卒，用經驗、用智慧、用全力投入，才能感動團隊，共同面對困難。

老闆或主管不需要萬能，不需要會做所有的事，但要有清楚的策略思考，關鍵事務、危險時刻，絕對不可指望員工能幫你完成，尤其新員工更加不可能，自己先走出路來，才是最正確的解決之道。

後記：

❶這個老闆聽了我的話，真的自己動手，很快他就證實這個方法可行，而做出成果，其後他又擴大規模，增加新人參與，但成果都不如老闆自己做得好。

❷老闆是鐵達尼號上最後一個跳船的人，也是引導所有人逃出危境的人，老闆自己要有勇氣摸著石頭過河，不能靠別人。

創業第 13 律

堅持律

- 老天捉弄可憐人
- 沒日沒夜過兩年
- 整軍備戰之心，永不停息
- 時間在誰手上？

創業第十三律：堅持律

定律解讀：

（一）創業一戰成功是運氣，遭遇困境是常態，絕不放棄、堅持到底是創業成功的因素。

（二）堅持的前提是前面十二個定律你都遵守做到，那你投入的事業應是正確有前景的行業，剩下就是時間來到的考驗，所以絕不能放棄。

（三）堅持不是在創業遭遇困境時，才確定的答案。而是在創業初始時，就下定破釜沉舟、絕不退卻的決心，所以當你決定創業時「慎始」，才能「敬終」。孫中山十次革命，絕不放棄，不是毅力，而是他確定這件事是對的，願意「以身相殉」。

（四）堅持是治療辛苦與煎熬最佳的良藥。創業過程必然困難重重，當你沒日沒夜工作而感氣餒時，堅持是最重要的信念。

（五）堅持也有但書，如果創業過程中，發覺原有的假設條件改變，發覺時空環境不對，或者發覺自己完全不可能擁有成功的關鍵因素，或者目標市場根本不存在，在這時候就應該改變方法，或者撤退。這不是決心不足，而是理性分析的決定。

適用時機：

創業初期想清楚，下決心以身相殉不退卻。創業全程中，始終如一，堅持到底。

老天捉弄可憐人

成功者是英雄，失敗者是可憐人，而最可憐的人是在成功之門即將打開之際，卻放棄退卻的人。創業一旦過了不回歸點，就不應放棄，否則可憐的人就是你。

買賣股票的人，都知道有一種絕對不能犯的錯誤，那就是在徹底失望時，衝動性的出脫所有的股票，這種行為完全不是出於理智的判斷，而是一種尋求解脫、類似自殺的行為。

買股票的人一開始一定是理性的分析判斷，不論買或賣，都在自己的情緒控制下作為。可是當股票驟然大跌時，投資人一開始面對虧損，是意外、是驚嚇，但理性告訴他，要撐住，他仍然會分析大勢，分析自己所買的股票，通常會繼續維持原來的判斷，保留股票，等待反彈回漲。可是如果不幸繼續下跌，眼見越虧越大，自責越深，這時理性慢慢減少，壓力越來越大。當越過自我控制的臨界點後，理性崩潰了，這時候只想解脫，完全不顧傷害有多深。在失望中，衝動的出脫所有股票，類似自殺的悲劇就發生了。

在失望中，為尋求解脫的衝動決定通常都是錯的。以前述的股票下跌為例，只要不是結構性的營運逆轉，股票總會漲漲跌跌，你等得夠久，它就會反彈。問題是你一等再等，一忍再忍，卻在承受不住壓力時，徹底失望，不顧一切的賣出股票。經驗告訴我們，經常會賣在最低點，當你出脫股票後，行情就開始反彈，好像市場就是要和你過不去似的。

可憐人在臨死前還會被凌遲

老天確實喜歡捉弄可憐人，所有的逆境都是在考驗每一個人，但每一個人的反應都不一樣。而可憐的人在承受不住打擊、決定做一次性的了斷時，老天爺在這個時候還會給你最後一擊。這一擊不是讓你傷得更重，而是在你已經出局之後，給留在場上的人更大的獎項，就好像在諷刺你不能撐到最後。你的悲慘對照的是別人的風光，命運之神就是用一線之隔、一念之差，分別天堂與地獄，可憐人永遠罪加一等，臨死前還要被凌遲、捉弄。

可憐人有機會不被命運之神所捉弄嗎？當然可以。只要不失望、不絕望、不在堅持到最後一刻時忍不住壓力，做出自己了斷的決定，那命運之神就無從擺布你。

或者應該這樣說，沒有人天生是可憐人，每個人的機會都一樣，每個人的困難也都一樣，**能歷經上天的考驗者，就是成功者；不能堅持到最後，迎到雨過天青的人，就是失敗者、可憐人。**因此，只要在最後一刻撐不過、想不開的人，悲劇就降在他身上，他就是那個被老天捉弄的可憐人！

許多成功的人回憶過往，也都有不可思議的悲慘過程，他們的成功，是因為他們挺得住，不在最後一刻、最困難的時候決定放棄，他們拒絕命運的捉弄，拒絕成為可憐的人。

每一個人都會遭遇逆境，每一個人也都會陷落。每一個人也會努力與命運之神搏鬥，每一個人也都嘗試堅持到最後，不肯放棄、不肯投降，到這裡大家都一樣。但接下來就分隔天堂與地獄，無法繼續堅持、先放棄的人，命運之神就找到倒楣鬼，被老天捉弄的可憐人出現了，其他人也就解脫了！

後記：

❶放棄有時只是因為一時想不開，這就好像一個人自殺一樣，如果有機會重來，很多人不會自殺，所以放棄之前，多給自己一點時間，不要衝動決定。

❷如果基本面不錯，所有的股票其實都是漲漲跌跌，只要能忍、能等，最後都會有好結果。

沒日沒夜過兩年

每個人都有理想，但不是人人都過得了現實的煎熬，熬不住辛苦的人、體力不勝負荷的人、心智不堅的人都不能度過時間與現實的考驗。堅持要有信仰支持，要有理想相伴，不是口中說堅持就能做到。

一個慕名而來的應徵者告訴我：「何先生，我想跟你學出版，不論做什麼事我都願意，只求你願意教我、收留我。」

我問他：「你真的什麼事都願意做嗎？你知道這可能代表你要沒日沒夜、暗無天日的工作兩年嗎？你知道，你可能沒時間約會，你可能不太有時間休假，更可能不見得被公平對待嗎？」

我說「兩年」，是有原因的，我要訓練出一個可以獨立營運的出版人才，「兩年」是一個完整的循環。我告訴所有的應徵者，如果你想學出版，給我兩年，我可以給你各種出版歷練，除了創業所需要的金錢我不能給你外，所有的能力我都可以給你，你會變成一個完整的出版經營者。而其代價就是「沒日沒夜過兩年」，無怨無悔的投入學習。

大多數人談到這裡，都會義憤填膺的說願意，並期待自己能用兩年的投入，換來完整的出版歷練。

但是真正能走過兩年關卡的人並不多。走不過不是他們離職，而是他們仍然在工作崗位上，但背棄了沒日沒夜的盟約。

自動自發實踐自己的人生目標

其實，我沒辦法給任何一個同事斯巴達式的命令與要求，我頂多嚴格一些，但不可能是不合理的魔鬼訓練。我期待的是，我不斷的給工作，而工作者不斷的準時、努力，並超額快速完成，我就知道「孺子可教」，我知道我可以給更多的工作、更大的期待，當然工作者就需要更大的投入、更大的努力才能完成，這是一個相互挑戰更大極限的過程，如果有一方停下來，這個考驗就結束了。

當然停下來的不會是我，因為下指令、提要求，對我而言輕鬆愉快；停下來的都是被我教導的工作者，當他們的步調放慢，我知道他們面臨了考驗，我不願提醒他們，我要求的是自動自發，他們要在自我管理的前提下，完成兩年「沒日沒夜」的魔鬼訓練。

我不願做任何「提醒」是有原因的，因為我要的是一個能獨立工作、獨當一面，對自己有高度成就期待的人才，而不僅僅是一個只跟著我做事的部屬。

我當然也知道，如果我強勢要求，也許有些人會重新跟上腳步，但是我知道這並不是他們自動自發的結果，太強求說不定會彈性疲乏。順其自然吧！

到現在為止，真正走過這「沒日沒夜過兩年」考驗的人很少，而且這種人通常有更大的創業能量與動機，他們雖然只是工作者，但我體會得出他們內心高度的目標與成就動機，他們不只是遵循我的命令工作，更是在實踐自己的人生目標。

答案很清楚：一個有高度成就動機的人，從工作一開始就表現了全力以赴的誠意，他不會抱怨辛苦，他可以銜枚疾走，「沒日沒夜的過兩年」，是一個創業者必經的磨練。

後記：

大多數人沒成就，其實只是「好逸惡勞」這個簡單的毛病，「沒興趣」，「這不是我所想要的人生」，只不過是推託之詞罷了。

整軍備戰之心，永不停息

每一個人都有脆弱的時候，所以外在的制度、團隊的規範就是鞭策每一個人不能停息的力量。創業中，把整軍備戰的信念變成團隊共同遵守的準則，可以使個人免於半途放棄。

我永遠忘不了在《中國時報》八年當記者的日子。

忘不了的原因是那八年每天都在作戰，每天睜開眼、翻開報紙，就是一場勝負，不是輸，就是贏！贏了雖然高興，但立即要提防對手明天討回來；輸了雖然是丟臉的事，但只要明天重拳還擊、討回顏面，也就可以彌補。記者是每天都在戰鬥的工作。

那時候，《中國時報》與《聯合報》，雙方都號稱台灣第一大報，雙方的記者也都以第一大報記者自居。為了維持第一大報的顏面，就是每天都要有獨家新聞，因此每天翻開報紙就有輸贏。兩大報記者間的戰爭，每天都在上演，每則新聞都關係著發行量的消長、讀者的變動以及記者的顏面。那是每天刀光劍影、近身肉搏的日子，殺人與被殺就在一線之間。

這樣的工作養成了我面對競爭，絕不妥協、永不放棄、不畏戰、不懼戰，隨時作戰的心理建設。不管在任何時候，我都鬥志昂揚，隨時準備寶刀出鞘。

尤其當面臨面對面的競爭時，我不斷告訴自己：**不要輕啟戰端，因為兵凶戰危。但整軍備戰之心，永不停息，隨時都要做好應戰的準備。**這是我經營企業、帶領團隊，每天不能或忘的基本態度。

知戰、應戰、準備戰

企業經營，不見得隨時隨地都是這麼血腥的競爭。大多數時候，可能是每個企業各做各的，只要守住自己的城池就可以存活，有一碗飯吃，與同業彼此互不侵犯。

但經常在某些關鍵時候，也會轉變成一對一、面對面，非得分出高下，甚至只有贏家存活的血腥場面。這個時候，企業經營者就完全沒有謙虛退讓的空間，迎戰變成唯一的選擇。客氣只會喪失先機，讓敵人有可乘之機，讓自己陷入萬劫不復的絕境。

因此，從創業的第一天開始，「整軍備戰之心，永不停息」就是我的座右銘。我之所以會如此警覺，如此充滿戰鬥意志，完全是拜八年記者生涯之賜。

這是我值得慶幸的地方，因為我發覺並非所有的創業，都能徹悟市場競爭的慘烈，也不是每一個經營者都能知戰、應戰、準備戰，而且不畏戰、不懼戰。

有些經營者存著浪漫的和平共存想法，如果市場夠大，競爭不激烈，這當然無可厚非。但環境隨時會改變，浪漫時光會過去，經營者不能不知戰、備戰。

有些人雖然知戰，但卻畏戰、懼戰，這是性格使然。**這種經營者在面對競爭時，往往採取消極避戰作為，用退讓換取存活空間，但是退讓往往不能換取和平，只會得到侮辱，畏戰的領導者只會給團隊帶來災難。**

「整軍備戰之心，永不停息」，對內傳達的是我們團結一致、努力不懈的決心；對外則是告誡所有對手，我們已有萬全準備，輕啟戰端只有引來災難。更重要的是，這代表了我們必勝的決心，我們隨時都鬥志昂揚！

後記：

在有明確對手的創業中，鎖定對手作戰是簡單的致勝方法，用敵國外患來自省自勵，是最好的免於放棄的方法。

時間在誰手上？

當創業遇到困難時，如果知道這個行業是未來明星行業，市場會越來越大，當知道時間在我們手上，只要堅持，終會守得雲開見月明。

看遍商場的浮沉興衰之後，我常感慨生意沒有對錯，只有進出場的時間錯誤，才導致失敗，因此除了思考生意本身正確與否以外，更重要的是思考時間因素。

以我所從事的文化傳播媒體行業而言，現在要創辦任何新的平面雜誌，都是不正確的時間，因為數位世界來勢洶洶，眼看著所有的平面媒體都受到數位內容的威脅，因此創辦新的平面雜誌，都要與時間賽跑。快速成長獲利，限期回收所有的前期投資，是最重要的思考。

這是為什麼現在我們要啟動任何平面雜誌的新計畫時，都要考慮再三，精準的計算所有的時間，包括：前置準備期、培養虧損期、損益平衡期，以及穩定獲利期，而且要儘量壓縮時間，一旦計畫的時間拖長，一切都會失控、無法預測。

這代表這種類型的生意，時間不在我們手中。時間在與我們為敵的環境手中，時間越長，對我們越不利，如果不能限期完成計畫，定時炸彈就會引爆，一切投入付諸東流，這時就是極危險、極麻煩的生意。

可是相反的，如果現在我們創辦任何新的數位新媒體，那情況完全改變，時間就在我們手中，只要我們活得夠長，美麗新世界就在等著我們。

理由很簡單，數位世界會越來越成熟，使用者越來越多，數位生活型態越來越普及，因此數位媒體的市場一定越來越大。時間在所有經營數位新媒體的人手中，成功與否的關鍵在於是不是活得夠長，等到市場成熟發展？

在大樓崩塌之前抽身而退

這是特殊的例子，當環境的改變不大時，時間通常會被忽視，有氣派的生意人，甚至會刻意淡化時間因素，國泰集團創辦人蔡萬春就說：「再壞的時間，都有人賺錢；再好的時間，都有人賠錢」，這強化了主事者的決心、能力、毅力，而時間是可以被掌握的因素。

但是以現代世界的瞬息萬變，時間有時候已變成不可改變的因素，尤其在高科技產業更是如此，因此除了思考策略、生意模式、資源配置之外，時間變成另一個不可忽視的要素。

時間到底在誰手上？是經營者必須仔細想清楚的關鍵，每一個事業不是上升就是衰退，環境不是變好就是變壞，但如果環境變動不是景氣循環（景氣循環對企業經營影響不大），而是不可回復的變動，就像網路世界逐漸改變人類生活習慣一般，這就是人類無力抗拒的變動。面對這樣的轉變，時間就會變成最重要的因素。

做的是發展中的未來事業，時間在自己手上，想的是撐過萌芽期，成功就會來；如果做的是沒落中的傳統事業，想的是倒數計時搶到錢，速度要快、收山要早、轉型要決絕，因為時間在環境手中，我們要在大樓崩塌之前及時抽身而退！

後記：

❶順勢而為是最聰明的方法，跟著趨勢、潮流，做未來會興起的事，最容易成功。

❷但做未來的事業，很可能太早投入，等不到市場勃興之時，這時就要堅持。

PART 3

創業私房心法

第 6 章

創業準備

成功的創業從好的創業準備開始，失敗也可能從準備時就已注定。所有的創業者不可不慎始。

創業準備包括幾項不同層面的工作：

（一）徹底瞭解創業的本質、創業必備的要件、創業成功的要素，這是對創業全方位的心理準備。

（二）確認自己的人格特質。優點、弱點、是否具備足夠的創業性格？以及確認自我的創業決心，是否準備好面對一切創業的挑戰？

（三）選擇啓動創業的行業，準備販賣的商品或提供的服務，估測此一行業的現況及未來發展趨勢，瞭解已存在的競爭對手，以及潛在的替代商品。

（四）規劃創業規模、準備相關的資源、人、資金、生財設備、團隊，並完成創業流程及時間表。

（五）設想創業失敗時，可能的傷害及救急方案，以備不時之需。

這一章就是從以上各層面，探討創業準備時應該注意及徹底執行的工作。

創業性格自我檢查表——創業九宮格

常言道：性格決定命運。雖非絕對真理，但有其可參考之處，創業要面對各種複雜環境，創業家的性格也有特殊之處，這九宮格提供創業者進行自我性格測試。

在百年一遇的金融海嘯及全世界的不景氣風暴之下，台灣失業率又創新高，無數人在一夜之間喪失工作。要重新找一份工作，在百業蕭條的狀況下，很可能再也找不到合適的工作，許多人因此不自覺的走上創業之路，未來一年台灣可能發生「逼上梁山」的創業熱潮。

作為一個永遠的創業者，看到可能的創業熱潮，我憂喜參半，少數人可能因此展開夢幻人生旅程，但大多數會陷入更痛苦的深淵。在這十字路口，該如何趨吉避凶呢？以下是一份創業性格的自我檢查表，這是一個九宮格（見二七二頁），分屬三個構面，中間的三個是核心價值構面，由誠信向上向下延伸至儉樸與自律；右欄三個是冒險性格的構面，分別是好奇、樂觀與挑戰；左欄三項則是工作構面，分別是學習、努力與堅持。

誠信是最重要的核心

能不能創業，首先要檢查你的核心價值正確與否，從九宮格最中間的誠信開始，你是否擁有最基本的做人原則，這是你能否被人信賴的關鍵，創業是要賣產品或服務別人，沒有人會向自己不相信的人買東西，因此創業最重要的核心要素就是誠信。接著從誠信向下延伸到自律，你懂得做人的道理，還要能夠自律，能控制自己的行為，嚴謹遵守所有的規則，從道德，到法律，到公司組織規章，到職位工作準則，讓自己變成一個有紀律的人。自律之所以重要，因為創業是自己做老闆，不會有他律，如不能自律，你創辦的事業一定亂成一團。儉樸也是另一種自律，對生活方式，對錢與資源運用的節省與效率，這也是創業的另一種核心價值。

創業的冒險性格構面從好奇開始，好奇是天生的特質，看什麼都有趣、都想瞭解、都有研究之心，創業一定是創新，不創新的創業，成功的機會極低，創新源於好奇而引發探索。樂觀也是另一種天性，看任何事都美好，都相信會成功。即使面臨困境，也不會喪失信心，能持續努力。創業是想像、是作夢，沒有樂觀不會有夢想、有實踐。而樂觀會延伸到挑戰，對自己有信心，相信自己能完成，願意嘗試更困難的工作，願意測試自己能力的極限，這就是挑戰。創業最不缺的就是挑戰，每天、每件事都是新事物，都是挑戰，更何況「獲利是風險的報償」，沒有挑戰，風險不高，獲利也就不大，所以面對挑戰是創業重要的要素。

最後是三項工作構面：學習、努力、堅持，也是老生常談的觀念。學習是創業所需要的能力的來源，因為學習，能力就算不足也很快會補強、會學會，所以創業的九宮格中沒有能力這一項，只要能學習，就沒有不會的事。

努力的全力以赴工作，是創業執行的關鍵，堅持則是創業面對困難、面對危機時絕不妥協、絕不退讓的性格，都是創業者必備的要素。

這個創業性格九宮格，所有創業的人都可逐項比對自己的個性，其中誠信一項不能或缺，其他八項，只要具備四項以上，就可以考慮創業，但少於四項，則不能貿然行事。

創業性格九宮格

學習	儉樸	好奇
努力	誠信	樂觀
堅持	自律	挑戰

後記：

❶沒有人在這九種性格中得到滿分，所以自我檢視有所不足，不必就此退卻，只要知所欠缺，能自我調整補足即可。

❷其中「挑戰」的性格，比較難以立即學會，而是在過程中慢慢磨練而成，只要經常處在危機中，自會逐漸適應。

創業核心三要素——人、錢、方法

本人、本錢、本事是創業核心要素，沒有錢不能創業，但要創業成功，重點在「你準備好了吧」，而不是錢。

這一生，我的前幾次創業都以失敗收場，尤其是（西元）七〇年代初期，我生平的第一次創業——青年商店（超市及便利商店的前身），更是一個偶然，在一家人兄弟姐妹的熱心參與下，這個店就開張了。雖然這個店存活了很久，但最終以悲劇收場。幾十年後我回想這一段過程，才發覺創業所需的核心要素，除了錢之外，另兩項我完全沒有準備好。

對照這個經驗，有讀者問我：他想創業，但缺乏資金，所以無法付諸實施。我的回答則是，「錢」不是關鍵成功因素，問題是其他關鍵成功因素你準備好了沒？

什麼是創業核心要素？俗話說：**本人、本錢、本事，是創業關鍵因素**，沒錯！就是這三項，但我把他修正為：人、錢與方法。而我的第一次創業，缺的就是人與方法，所以雖然有錢，最後還是失敗。

人，是關鍵成功因素

這三要素中，最不重要的就是錢，太多的創業成功故事，有人借了三萬元創業，有人從十萬元起家，還有人更誇張從一文不名開始，總之，錢只是點火的火種，只要你想，都有機會用各種方法取得。當然如果你其他要素都具備，還會有更多的人願意投資你、協助你創業，或者正確的說法是搭你的便車，靠你賺錢。

所以，錢是創業三要素中的必要因素，但不是關鍵成功因素。

關鍵成功因素是人，次關鍵成功因素則是方法。

人決定了創業的一切結果。人又可以分為兩個不同的元素，一個是態度（或本質、性格），另一個則是能力。

態度指的是創業者的性格、價值觀、想法、觀念，也就是一個人的內在信仰，你是悲觀還是樂觀，你是進取還是保守，你是全力以赴還是偷雞摸狗，你是堅毅不拔還是退卻軟弱，你是認真學習還是好逸惡勞，你是目光遠大還是短視近利……這些複雜的性格、價值觀，構成了：你是什麼人？你會用什麼想法看問題？你會用什麼觀念做事？

如果你的態度正確，你的能力很快就會增加，因為能力是學來的。正確的態度，會促使能力成長，所以人的因素中，態度又決定了一切。

至於另一個關鍵成功因素——方法，又可展開為行業、know-how及生意模式三項。創什麼業，用什麼方法創業，需要什麼know-how，都是方法。

當然要選擇有前景的行業，又要掌握這個行業的關鍵技術或know-how，當然還要找到清楚的生意模式，這都是方法的一部分。

而行業選擇又是方法的關鍵因素，因為know-how與模式都會隨著行業變動，只不過創業者選擇行業時通常會受限於習慣與熟悉，就算所熟悉的行業前景不佳，創業者也不見得會放棄，仍會在熟悉的行業中創業，這時候know-how及生意模式的創新，就會變成關鍵成功因素。

每一個想創業的人，都應該想清楚這三件事：人、錢與方法。

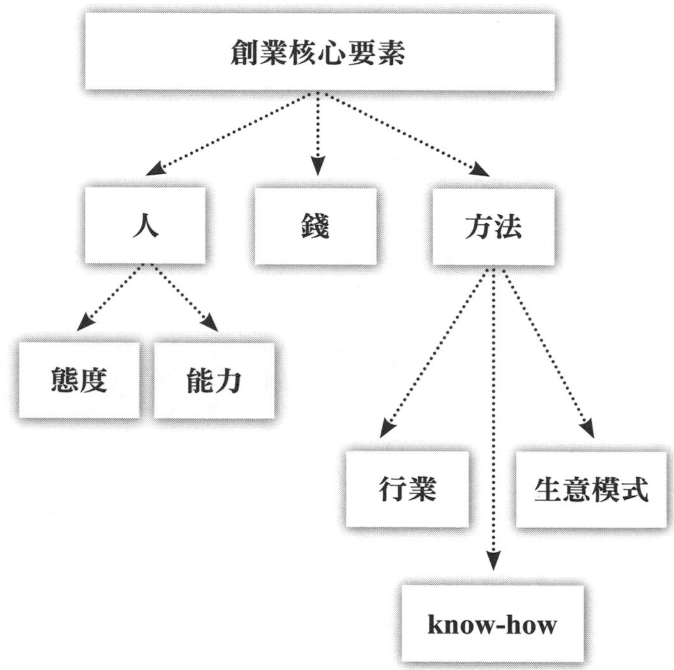

後記：

創業前，你需要根據這個創業要素金字塔，進行資源盤點，確認自己缺什麼，不要只看重錢。

創業從打工開始

偉大的人，從小就透露不凡的氣質。真正的創業家即使還委身在別人的企業中，仍會不斷自我學習，雖然是員工，已經開始準備做老闆。

一個年輕人問我，他有很高的創業衝動，長久以來心中一直有創業的呼喚，但他不敢付諸行動，因為他不知道自己性格合不合適、能力足不足夠，可是創業的想法長期以來讓他不安於位，無心工作。

這是我聽過最壞的創業劇本。理論上，打工、上班、領別人薪水，這是最重要的創業準備期，而這位年輕人卻因起心動念要創業，而擔誤了最重要的創業學習歷程。

我在歷經兩次創業嘗試失敗後，開始死心塌地的上班了八年，暫時把創業的想法放下，全力學習當員工，也全力看老闆如何當老闆，這是我最重要的創業準備過程。

所以，我創業的第一步是從打工開始。

大多數人都不是天生的創業家，並不明確知道自己適不適合創業，大約有百分之九十的創業者，第一步都是從打工開始。統一集團的創業核心人物高清愿，就在台南幫的紡織事業打工了很多年，但他決心創業時，所有台南幫的金主們全都投資他，統一公司就這樣很快組織起來，然後高清愿用他在打工時所學的能力，讓統一變成台南幫的金雞母。高清愿的創業，是從紡織業的打工開始，但卻創立了食品事業。

這說明了一件事，打工不只學到特定行業的經營能力，更學到創業的專業。

所謂創業的專業，指的是態度、心法與如何當老闆，這是用在每一個行業都合適的基本創業概念。

先學當最好的員工

如果你真有心創業，而又不是那種即知即行的天生創業者，那就從打工開始。而第一步就是確立創業的想法，然後暫時放下，全力學習打工經驗。

全力以赴學打工，變成最好的工作者，是創業的第一步，高清愿就是這樣學會所有的能力，也得到所有的肯定，當然也完成了一呼百應的募資工作。

「身在曹營心在漢」是最大的悲劇，想創業，無心工作，結果是兩邊不是人，什麼也做不好，所以把創業擺在心中設定在幾年後的未來，但現在全力打工，告訴你自己，現在所學的事，都是未來可以少繳的學費。

心中有創業念頭，這又是另一個創業學習的關鍵，為什麼許多好的工作者，打工了一輩子也創不了業？因為他們心中沒有創業的想法，當然打工再久都學不會當老闆。

心中有創業定見，就算在打工中，看的都是老闆的方法，想的都是老闆的思考，學的都是老闆的作為，這是有心的定向學習。**做所有的事、所有的決策，都會去探究其然與其所以然，這樣追根究柢的從老闆的態度想事情，學會的就是前面所說的創業的專業，也就是做老闆的專業。**

所以想創業的人，第一步先學會當最好的員工，但要帶著「我如果是老闆」的心情，來觀察、學習，從打工開始學創業，但絕不能心猿意馬，空想創業。

後記：

在我帶領的團隊中，我可以輕易分辨出誰是具有老闆潛質的員工，我也可以確定誰永遠都只是員工，可見縱使在打工時，每個人的命運已經不同。

天生創業家的祕密

有人是天生的創業家，不但第一次創業就成功，而且在個性上完全吻合創業的需要。但大多數人的創業是學來的，甚至性格上可能也不合適創業，不過只要有心，成功創業仍大有人在。

二十五年前，我第一次當朋友婚禮的總招待。我爽快的答應朋友的請託，心想也就是在喜宴上招呼親友吧，反正他的朋友我也都認識，這應該很容易。

沒想到，到了婚宴前一個禮拜，這位新郎交給我密密麻麻的幾張紙，分別是結婚當日的流程表、婚宴的流程表、所有工作人員的分工表和聯繫電話，以及可能必須注意的事項。他要我仔細研究，如有不足再商量。

以我當時剛剛進入職場的經驗，這是我完全沒想過的事，一個看似簡單的事，可以有這麼多複雜綿密的規畫，弄得我也緊張起來，當然也努力的沙盤推演一遍，但怎麼也沒脫離這位新郎的規畫，婚禮順利舉行，一切都在掌握中。

這位新郎與我共事一段時間之後，就自行創業，他的創業在我看來更是奇蹟。他從事的行業，在台灣剛始萌芽，他幾乎是行業的先驅。但他順利的走出一條路，成為最好的本土公司。接著他又開創新局，從一家公司變成好幾家同類型公司，所有的人都說：同時擁有這麼多相互競爭的公司，做一樣的生意，一定不成。但他又讓大家跌破眼鏡，而且越開越大，四十歲就賺足了所有的錢，然後把公司交給專業經理人經營，自己遊山玩水、釣魚，成為悠閒的員外郎！

我記起這個故事，是二十年後的事，當時我創業不成，每天都在煎熬中。我再度遇到這位老友，他逍遙自在。我開始比對我倆的差異，我就想起這段經驗，這就是他擁有而我缺乏的地方，這應是他創業如此順利、是個天生創業家的祕密。

綿密的規畫與執行力

這個祕密是什麼呢？綿密的規畫與執行力就是答案。但這樣文謅謅而且有學問的答案，對我不夠用，我需要更明確有用的解讀，更精確的工作方法，才能改變我所處的困境。

嚴格來說，規畫與執行力我也不錯，但我缺乏的是像他一樣綿密的沙盤推演，並把所有的可能寫成精確的工作手冊、流程表、分工表，以及文字化的書面計畫，而這樣的工作方法，又是精準的執行力之奧祕所在。

我開始學習這樣的工作方法，不只是把每一件事情想清楚，並把每一件事情的工作細節展開、再展開。從工作計畫大綱，到細部行動方案；從核心工作流程，到子流程；從核心能力，到關鍵成功因素，到KPI（關鍵績效指標）的擬定。這些名詞，都是我事後慢慢從管理學的書中一點一滴的學習。我終於知道，我朋友當年所做的事，其實是有學理依據的，只是他沒經過管理訓練，但卻自己能摸索出一套有效的經營方法。

我終於知道，**不見得每一個人都是天生的創業家；但經營可以學習，而其方法就是在事前的規畫與沙盤推演。**

如果能寫出具體的工作計畫，並且有效的一步步檢視計畫，這就是執行力細節，就可以確保執行的結果。這就是執行力，也是把浪漫的創業夢化為行動方案的過程。行動前先寫出完整的計畫細節吧！

後記：

❶這個朋友現在仍然過著員外的生活，並沒有在創業成功之後就犯下錯誤，我不能不承認老天爺對他十分厚愛。

❷大多數人創業都歷經波折，受盡痛苦，或者這樣的成功才更珍貴。

想成功還是想失敗？
——樂觀與審慎

創業隱藏極大的風險，也隱藏極大的機會，想成功與想失敗都成立，只是兩者各有不同的適用環境，既要想像成功，才有動機創業，也要分析失敗的可能與原因，才能避免失敗。

一個年輕人在我的部落格上留言：他看到兩種截然不同的理論，感到困擾，一種是華人首富李嘉誠的說法，凡事花百分之九十的力氣想失敗；另一種說法則是許多勵志老師的理論，要多想像成功，最後才能成功。

這是截然不同的說法，似乎都有道理，但又相互矛盾。到底是該想成功？還是想失敗？

看到這則留言，我感觸良多，因為有太多的讀者問過類似的問題，有必要一次徹底講清楚。

首先說明，這兩種說法都正確，但適用情境不相同。李嘉誠的說法是以一個企業家的角色，談論經營事業與投資事業。在進行投資規畫時，李先生強調要先想像失敗，假設他承受得起失敗、假設他有能力應付失敗、假設失敗不會讓他傷筋動骨，才會考慮投資。這是在事前的風險評估上，他放大失敗的因子，以徹底瞭解失敗。能管理失敗，才能進一步享受成功。「諸葛一生謹慎」、「小心駛得萬年船」，都是李先生經營事業的名言。

至於所有的勵志書、勵志老師的說法：要想像成功，則通用於整體的人生態度，強調的是要正向思考、要樂觀看待一切，對未來要有信心。當我們樂觀的想像成功時，我們的一切行為都會向成功邁進，最後成功的機率就會變大，就更容易成功。

這種「想像成功、邁向成功」的說法，是相對於悲觀與逆向思考。**當人沉湎於哀傷與負面的情緒中，所有的狀況都是不利的，你無法用最好的自己，面對外在的變動，當然失敗與失手的機率就會提高。**

想像成功，讓我們擁有最佳的心情、最佳的體能、最佳的鬥志，當然我們有機會獲得最佳的結果。

分辨成功與失敗間的衝突

結合李嘉誠和勵志書的說法：李嘉誠的人生態度也是樂觀進取、想像成功、追逐成功的。但在進行新事業投資時，他會謹慎評估、設想失敗的可能和原因，並嚴密控管失敗，當他確定能有效管理失敗時才下手。這兩者完全不衝突，各有不同的適用前提及情境。

樂觀進取、正向思考、想像成功，是永恆的人生態度；而考慮失敗、計算失敗，只在進行投資精算時適用，就算當下精算失敗的可能，其人生態度還是樂觀進取的。

應該這樣說：每一種理論、說法，都有其假設、前提與適用範圍。因此看到任何說法，不只吸收其結論，更要仔細瞭解其前提假設，才不致混用、誤用。有時候這些理論像法律，有的位階高、有些位階低，適用有先後、有主從、有大小，尤其當產生講法上的衝突時，就得進一步分辨。

我最怕遇到愛讀書但又消化不良的人，這種人把所有的知識都全盤接收，就算有所衝突，也不加分辨，結果不是用錯知識，就是自相矛盾。**知道分辨成功與失敗的衝突，才是真正融會貫通的開始。**

後記：

❶如果你現在一無所有，而想啓動創業，其實你不需要想失敗，因為「nothing to lose」，此時你應想成功，這是你奮力一搏的動力。

❷如果你現在已有家業，還要加碼投資，這時你應仔細想失敗，因為你要為現在的團隊、家人負責，失敗會使他們一無所有，你不能一意孤行。

關鍵的課程，不能教，只能學！——自己找答案

不會有兩個人用同樣的方法創業成功，這代表成功不能複製，每個人都有不同的境遇，老師教不會學生，除非學生願意學。創業者要用自己的方法走出路來，沒人能告訴你標準答案。

剛剛創業的時候，很快就深陷泥淖，每天都面臨滅頂的危機。那時四處尋求解答，一個新聞界的老前輩，被我們請來提供意見，他在瞭解我們的狀況後，說：「你們太忙了，要懂得授權，自己做太多事，根本沒時間思考。」他還告訴我們，在他的公司裡，那麼多員工，但他只和兩個人說話，所有的事情，都由這兩個人去執行，他完全不管例行的事。

那時候，聽完這個前輩的說法，我完全不能理解，這對我們當時遇見的狀況而言，根本是天方夜譚，不但事情做不完，也做不好，如果我們不自己動手做，一切根本不可能完成。我怎麼可能只跟兩個人說話，讓他們去完成所有的事呢？

可是二十年後的現在，我大概就是這種狀況。每一個營運單位，我只跟一個人說話，放手讓這個人去做，我絕對不要插手，這就是當年這位老前輩所說的話。二十年前聽不懂，現在我懂了，但這不是老前輩教的，而是我自己學的。我用心學、用身體力行學，我用二十年的痛苦實戰學，用無數的錯誤與嘗試，交織出這個看起來很簡單的結論。

現在我很清楚，許多的課程是無法教的，只能靠自己學出來。不管再好的老師，再認真教學，但只要學生不在那個互動的交集點上，學生永遠學不會。這並不是學生不認真，而是學生的情境，讓他們不能學，也學不來。

以我剛創業的情況，我很想學，也確定這位老前輩的說法是對的，但我們當時的狀況，根本沒法學，也不能照著做。但現在我知道，老前輩說的是組織健全的理想情境：制度井然、人才不缺，上位者只要放手，公司就可自行運作。但這是結果，我要歷經很多調整之後，很多年後我才能到這個境界。

用心力行，找出自己的答案

不能教的第二個因素是：永遠不會有第二個人用同樣的方法成功。每一個成功的先行者，都可以講出成功的道理、成功的原因、成功的方法，但這都是基於他當時所面臨的處境，所產生的因時、因地的作為。不會有兩個人面臨完全一樣的情境，因此別人成功的經驗，後學者無法複製。我們無法期待「過去的老師，用過去的經驗，教導現在的學生，以解決未來可能面對的情境」，這些時間的差異，就可以證明老師教的不一定有用。

而我自己又如何學出來呢？我不斷摸索、不斷詢問、不斷嘗試、不斷根據當時的情境做出應變，只要有成果，就繼續；只要沒成果，就換方法。這時候老師教的、前輩說的，都可能被我拿出來嘗試，都可能是方法，但頂多也是用其局部，不會照單全收，所以當我找到方法時，是自己學出來的。我確定**人生最關鍵的一課，不能教，只能學。要自己用心、用身體力行，用一切可能去學出來。**

「不能教，只能學」，不是要否定老師的功能，而是要強調自己的體會、感受與應變。老師只能點醒、只能導引，絕不可能給你標準答案，標準答案要你自己去找、自己給！

後記：

每個創業者都急著學方法、學成功祕訣，但時空環境不同，方法就未必有效。

真正可學的是心法，如創業的決心、毅力、理想、破釜沉舟、全力以赴等，這些是看來無用，但真正可學的創業心法。

數十年如一日
——談創業者的自我控制

創業的老闆主宰一切，主宰公司、員工、生意，也主宰自己。自我控制，變成老闆最大的守則，管不了自己的人不能當老闆。

小時候，老家的左鄰右舍及親戚們都是做山（台語）的農夫，有的種橘子，有的種竹筍。當時村子裡的所有人都誇獎一位遠親，說他是最勤勞、最認真的人，而且告誡所有的小孩，長大要像這位遠親一樣勤勞認真。

印象中這位遠親每天都會從我家的路口經過，早上天剛亮上山，下午天黑時下山。他的穿著很簡單，就是農夫的工作服，肩上永遠挑著一把鋤頭當扁擔，一頭擔著小竹籃，裡面一看就知道是便當、毛巾及小工具等；下山時通常會多一些當天的收穫，或者是青菜，或者是水果。不論刮風下雨，他從來不間斷，我從小到大，他每天上山工作，數十年如一日。

那時候，聽多了所有人對他的誇獎，但內心體驗並不深刻，長大後回想這一段，對他備覺尊敬。我終於知道，為什麼村中其他人的生活都不好過，而這位遠親家境一直不錯，因為他每天都認真工作，做一個自給自足的農夫。

我尊敬他的自我控制。農夫並沒有老闆，也沒有外在的限制和要求，而田地如果一天不做，也不會有立即的傷害，每天做多一點、做少一點，完全存乎一心，自己可以做決定。因此村子其他的農夫，認真的照季節工作，只要跟上季節做事就好，很少人每天都上山工作；而不認真的，做一天休一天、休兩天，都所在多有，收成當然不會好。

要每天上山、照表操課，不畏刮風下雨，完全要靠自己的自制力，沒有任何外界的要求、限制與壓力，這幾乎是聖人的境界。數十年如一日，持之以恆，說來輕鬆，做起來絕對不容易。

自律是創業者的基本條件

體會這件事的可貴，是我自己創業以後。作為一個工作者，我一向以高效率、高工作能量受肯定，但這是在組織的規範、老闆的要求、同儕的壓力之下，我不得不努力完成所有的工作。可是當我變成創業者，我變成制定規畫、制定工作目標的人時，我幾乎亂了方寸，被別人管很容易，管理自己，我很容易推託、延宕、錯過時間，我控制不了自己，當然也無法有效的帶領組織。

我終於知道自我控制有多困難，當你自己當家作主，上頭不再有人，你可以決定所有的事的時候，你面對的不只是外在的困難，你更要面對自己的隨興、自己的軟弱、自己的隨心所欲。而這些內在的魔鬼，只有在你自己是老闆時，它們才會肆無忌憚的作亂，如果你管不住它們，你注定要失敗。

大多數人把管理交給別人、交給組織、交給老闆、交給外在的規範、交給法律、交給別人對你的制約。這都是按照外在設定好的路徑向前走，你只要逾越，就會有人吹哨子，甚至有人會處罰你。可是當家作主是另一件事，如果你要創業、要當老闆，先想一想那個數十年如一日的農夫吧，你能和他一樣自動自發嗎？

後記：

❶一個老闆告訴我，他一生都在「坐生意的監牢」，話中充滿無奈，他賺了許多錢，但也賠上了自由。

❷在嚴密的外在控制下，沒有人知道自己有多麼軟弱、多麼隨興，在創業之前，先確定自己能自我控制。

柔軟是創業的必修課

創業是以成功或失敗作為終點，在生意面前沒有人能率性而為，也沒有人可以「爭氣不爭財」，創業者學會柔軟，學會妥協，這才能獲得最大的生存空間。

我永遠忘不了二十幾年前的那一幕：在經濟部的一個小科長辦公室，那時我還是記者，正在和這位科長聊某一個新聞，從外面闖進來一位西裝筆挺的人，老遠就朝這位科長立正敬禮，嘴說著「科長好！」耳中還傳來他雙腳併攏立正時，皮鞋互撞的響聲，顯然那是極標準的立正禮。

我幾乎不敢相信我的眼睛，這個人正是當年叱咤風雲的黃豆飼料大王，我印象中都是他意氣風發、不可一世的樣子。但那一天卻恭恭敬敬的來向小科長報告事情。事後我知道，他的生意遇到困難，需要這位科長幫忙。他用最謙卑的姿態，表示最大的敬意。他的柔軟度，讓我這個旁觀者嚇了一大跳。

我也還記得另一幕：

張忠謀剛回國創辦台積電時，有一次採訪他，問了他一些與採訪主題無關但敏感的問題，他十分生氣！站起來掉頭離開，我們一時不知如何是好，但沒幾分鐘後，他回來了，除了表示不好意思之外，當天幾乎知無不言、言無不盡，採訪十分順利。這是我見過的另一個大老闆的情緒管理與柔軟度。

一個主管向我抱怨，某一個客戶有多「機車」，是標準的「澳洲」客人。他告訴我的目的，是準備把這位客戶列為拒絕往來戶，希望我諒解。這個客戶我十分瞭解，也確實十分不講理、脾氣不佳，但是生意還算單純，其實你只要多講幾句好話，摸順了他的毛，生意並不難做。

做生意先學會彎腰求人

我很清楚，問題不在這個客戶，因為客戶有講理的嗎？你要做他的生意，當然要摸順人家的脾氣。問題在這個主管也是個槓子頭，十分「正直」，他認為他對，絕對不肯妥協，問題是大多數時候，他所堅持的事，並不是是非對錯的問題，只不過是他個人感覺不好。當然有時候也會遇到別人真的有錯，那他就更暴跳如雷。

這樣的年輕人，我看得太多了，包括我自己在內，都曾經如此「正直不阿」，稜角分明。年輕時，我經常堅持自己的「道理」（其實是感覺），遇到不合己意的事，絕不妥協，我不懂圓融，甚至認為圓融就是鄉愿、就是沒有原則。一直到遇見許許多多類似黃豆飼料大王以及張忠謀的故事，我慢慢瞭解，收起自己的稜角、收起自己的個性，不要計較小是小非，你會得到人和，會得到幫助。

這就是柔軟度。人生的許多情境是無法講道理的。譬如說，有求於人時。生意的本質就是有求於人，求人時當然需要柔軟度，當然需要「以客為尊」，客戶永遠是對的，如果客戶是錯的，一定是我做錯了什麼事，讓他生氣，因此擺平他、讓他不生氣，就是我的責任，因為只要他不生氣，我就會得到生意、得到好處。

柔軟度是待人處世的外在界面，而正直則是每個人心中對大是大非的堅持。外在界面溫和，會好相處、會有人緣、會有許多朋友、會減少許多爭執。人生的大多數時候，只是互相感覺良好，而柔軟度就是感覺良好的潤滑劑！

後記：

一個工作者留言給我：我可以辭職不幹，但不必接受客戶不合理的待遇，我回答：這是工作者的瀟灑，但創業者不能這麼隨興。

沒有壓力的巨人

這篇文章是給每一個想創業的人，探索自己的抗壓性，如果你不能承受壓力，那創業對你而言，風險極大。

一個年輕的高爾夫球友，開球兩百八十碼，潛力十足，在經過一、兩年的練習後，實力已經接近單差點，他的進步，我們都替他高興，也為有此年輕高手朋友感到驕傲。

有一次同場打球，很自然的邀請他一起參與每洞一百元的小賭局，以助球興。但沒想到面對小賭局的壓力之後，他擊球節奏大亂，當場回到接近百桿的狀況，輸點錢是小事，對他信心的打擊，卻是無法平復。（註）

事後我和他閒聊，才知道他打球完全不能承受壓力，不論多小的賭局，都會對他產生巨大的影響，因此他只能自己輕鬆打，不能增加任何餘興節目。

這完全不是錢與輸贏的問題，而是一個人的性格問題。他告訴我，就算沒有錢的小賭，只要有遊戲、有輸贏，他就會緊張，他就會失常。

不只是打球，任何競賽、考試，只要是有壓力的狀況，他都難以承受，因此他是「沒有壓力的巨人」，為此他自己也深感困擾。

我見過非常多這樣的人，恐懼壓力、害怕壓力，平常工作及練習時，實力不凡，但在關鍵時候，他就不自覺的緊張，結果成績大打折扣，在人生及工作上經常扮演悲劇英雄的角色。

常處危機、習慣壓力

根據我自己的經驗，社會上真正喜歡冒險、樂於承受壓力的人，可能不超過百分之二十，其餘百分之八十的人，都是害怕壓力的，但像這位年輕球友一樣，如此不堪壓力，這麼容易受影響的倒是少見，因此激起我一探究竟的好奇。

原來這位球友自小在一個穩定的中產階級家庭長大，父母親的教育十分成功，按正常的程序一直到出國留學完成學業，他是道道地地「罐頭」教育體系的產品，更是在溫室中被呵護長大的花朵，穩定、安全是他最重要的人生邏輯，因此遇到任何稍微複雜的環境，有一點風險，他都有不能承受之重。

我很替他可惜，如果他能有一點抗壓性，不要是那種「沒有壓力的巨人」，不只在打高爾夫球上會有更上層樓的成就，在工作上他也絕不只現在小主管的層次。

這個案例讓我覺得太平靜的生涯是不好的，有一些波折是寶貴的，不要讓自己變成那個百分之百的「好小孩」，有機會應該稍微學點「壞」。這不是要刻意去做「壞」事，而是要給自己找點「麻煩」，讓自己處在危機中，而不要永遠「play safe」。

球類運動的競賽就是最佳的壓力訓練，尤其有一些小賭注，更可以激發人的鬥志。要知道克服壓力的方法有兩個關鍵：一是習慣壓力，這要常常讓自己處在壓力中；二是要有昂揚的鬥志，這是習慣壓力之後，再培養出來的必勝決心。因此，常常處在壓力中，是對抗壓力訓練的關鍵。

如果你是沒有壓力的人，那麼不論在運動或工作上，從今天開始設法給自己多一點「麻煩」及挑戰吧！

（註：高爾夫球一般業餘球友水準在九十桿上下，單差點指的是在八十一桿以內，這是接近職業水準，百桿則較差。高爾夫球友一般上場會有小賭注，幾百元台幣輸贏，以助球興。）

後記：

創業是「拿生命賭明天」，金錢的輸贏，輸了再賺就有，與創業不可相提並論，仔細想想創業的本質吧！

生涯的劫難
——寶劍出鞘要趁早

每個人的生命長短不一，但成就各異。有的人在二十歲已飽經風霜，有的人四十歲才發奮走自己的路，當然還有人五十、六十歲仍然按兵不動，選擇平穩、平安過一生。

這是命運，也是選擇，每個人都無法為別人的一生置喙。但身體及時間絕對是公平的，年華老去代表來日無多，人如果真想有所作為，早一日啓動，絕對是真理。

我沒有刻意忘記年齡，但年齡從來沒有成為我工作上的限制，不過最近發生的一件事，讓我深刻體會年齡的威力無所不在，沒有任何人能擺脫歲月的摧殘。

這一件事是一位非常有為的年輕人，他的虛心、創意、行動力與劍及履及的態度，曾經讓我十分驚豔。可是最近一次的談話，我發覺他已不太能接受別人的意見，剛開始我還以為是我沒把道理講清楚，所以我很努力的重說一遍，可是等我說完之後，他告訴我：他並不是聽不懂，只是他的年紀，讓他無法按照我的建議做事，他有會做的事、習慣做的事，他自已承認，我的建議是他不習慣做的事，也是他不會的事。

這個年輕人才四十出頭一點，可是已經從一個可塑性極高、學習力極強的人，變成一個被經驗、被習慣所限制、所僵固定型的人。歲月總是鍥而不捨，在每個人身上留下烙印。

這完全違反我的邏輯，在身體的體能上，我願意向歲月低頭，我知道我無法再像年輕時一樣全速快跑，但在心智上、在精神上，我和年輕時一樣鬥志昂揚。可是這件事讓我發覺心智也會老化，歲月是無所不在的。

這個無意中的發現，讓我體會到年輕有多重要，人的一生如果想要有所作為，最重要的一件事就是「寶劍出鞘要趁早」。

幾年前，我的公司收購了痞客邦網站，那四個創辦人還沒從交大畢業，就已經開始創業，他們的年輕、單純、浪漫，讓我充滿了無限想像。三年來，他們在公司系統化、制度化的磨練與學習下，三十歲不到的人，已經成為可以被賦予重任的高階主管，未來無可限量。

我不禁回憶起三十歲時的自己，我還在《中國時報》當記者，我還在線上採訪新聞，我還熱中在採訪對象的迎來送往中，自以為是個重要人物，完全忘了我是誰！

二〇〇八年，在上海，我遇到愛情公寓（線上交友網站）的創辦人。幾年前他們就從台灣分兵上海，建立愛情公寓的中國據點，現在他們也已經搶下灘頭堡，成為中國風險投資公司追捧的對象，而這群年輕人也只有三十歲邊緣。

二〇〇九年年中，在中國鄭州，我遇到一個在中國打拚的台商，年輕的臉龐卻洋溢著飽經風霜的堅韌。他只有三十四歲，五年前他隻身到鄭州，二十九歲就展開他闖蕩中原的奇幻旅程。

這些人的共通特點就是年輕，他們早早就寶劍出鞘，用年輕的歲月賭明天。現在他們離真正的成功也都還有距離，可是他們絕對可以在歲月之神限制他們、控管他們之前，走出自己的康莊大道。

許多人問我生涯的問題，最多的問題就是什麼叫準備好，會問這個問題就是怕失敗。我很想告訴他們：失敗永遠在人生旅途上伴著你，但寶劍出鞘若趁早，年輕會讓你有機會重來，克服失敗。

後記：

❶痞客邦、愛情公寓雖然都還沒有定調，不知是否能在網路世界勝出，但年輕似乎是網路世界的定律，所有的成功者都在三十歲之前就已展開人生的探索。

❷在上海，我遇到盛大集團的創辦人陳天橋，二〇〇九年，他三十六歲，創業十年，已經擁有三家納斯達克的上市公司，市值近兩千億新台幣，年輕就是他的本錢，也代表了未來的可能。

❸沒有人能在行動前「準備好」，甚至永遠沒有人能知道什麼叫做「準備好」，如果你等待「準備好」才要行動，你可能一輩子也不會行動。

❹讀到這篇文章時，如果你年紀已大，千萬別認為「為時已晚」。只要從今天開始，積極行動，都還有機會「抓住青春的尾巴」，只要行動，都可在有限的時間內成就不凡的事。

尋找正確的時機選擇之法——「太早」永遠不會錯

我常感慨，做任何事往往沒有對錯，只有介入時間錯誤。經常時空轉換，對的事就變錯了，錯的事也可能變對。到底什麼時間是最正確的呢？

這是我長期工作的經驗，我們不是錯在「太早」，就是錯在「太晚」，而「太早」只要熬過黑暗期，光明就會來，但如果錯在「太晚」，一切木已成舟，就永遠不可能做對了。

一個朋友檢討起自己創業失敗的過程，自認唯一做錯的事就是：做得太早。他的服務太創新，以致於市場接受與教育的時間太長，而他準備的資金已經花完，新的投資者也無法理解公司未來的前景，沒人願意投入新的資金，結束的悲劇就發生了。

我問他：「為什麼是『太早』，而不是你選錯行業或做錯事呢？」

他回答：「還是有很多客戶喜歡我的服務，只是數量不夠多，而且新客戶增加的速度緩慢，趕不上公司『燒錢』的速度。」所以他認為，這個生意應該是可做的，只不過他做得「太早」，等不到市場開花結果。

我不願再打擊他，但「too early」這兩個字一直在我腦中盤旋。「太早」，真的是生意失敗的原因嗎？

我回想我做的每一件事，幾乎都犯了「太早」的錯。一九八七年創辦《商業周刊》，那幾乎是台灣第一本週刊型的商業雜誌，虧損了八年才看到曙光；一九九五年辦《PC home》雜誌，也是全新型式的大眾電腦雜誌（之前只有專業電腦雜誌），連行家都懷疑電腦是否真的可以走入家庭，我們卻一戰成功；接著我們測試網路生意——PChome Online，這也是創新，也辛苦了許多年才勉強存活。

這些都是在市場還沒成型前就啟動的生意，百分之百犯了「太早」的錯（如果太早有錯的話），其過程不同，但結果都是好的。想完這些事，我確定絕對不應將「太早」視為不對的事或不能跨越的鴻溝。「太早」不只是困難，更是每一個想成就偉大事業的人，都必須面對、必須學會處理的事。

進一步分析，做任何事時，在時間點的選擇上只會有三種結果：太早、太晚或剛剛好。事情很難得能做得精準而及時，通常都是運氣使然。因為一旦時機成熟，大家都看懂了，所有人一窩蜂投入，這時投入時機就嫌晚了，所以「剛剛好」不是不存在，就是短到稍縱即逝，無法掌握，因此選擇在跡象未明之際及早布局，這是有雄心壯志的人最可能做的事，但這就有可能錯在「太早」。

至於選擇晚一步啟動，通常是大公司的做法：讓小公司先行測試市場，等待其證明可行，再用更大的規格與資源搶占市場。所以，選擇錯在「太晚」，不是一般人能做的事，而是有資源、有實力、條件良好的人的專利。

結論很清楚，即時、剛剛好，是可遇不可求的事，做任何事我們只能選擇錯在「太早」或「太晚」。而「太早」才有機會從小做大，才有機會成就不凡事業，怎能抱怨介入時機「太早」呢？

做任何事，「太早」應是選擇、是必然，而不是失敗的理由或藉口。「太早」雖然有諸多困難，但這些困難是每個人都必須跨越的鴻溝。每個有心成功立業的人，都必須認知「太早」的必要性，並且選擇「太早」，克服「太晚」。

後記：

❶錯在早，慢慢熬，耐心等，活得夠長就變對。錯在晚，再努力，也沒用，時不我予已枉然。剛剛好，很難如此運氣好，做事只能錯在早，一切贏在先起跑！

❷「太早」只有一個問題，就是不能在曙光乍現之前，氣力已經放盡，資金已經燒完，一定要想盡各種方法「賴活」，只要活著就會有機會。

人生的三次機會

努力不一定成功，但不努力卻一定不成功，這是簡單的道理，可是當一個人努力一輩子、都不成功時，也難免不平，難道人生就如此的不公平嗎？

其實每一個人看到的是同一個世界，同一時代的人也面對類似的情境，所以上天給每一個人的環境都一樣，端看自己能不能掌握。

幾個老朋友聊起一位十分成功的友人，這位友人已是億萬身家，每天以釣魚為樂，大家都有羡慕之意，唯獨一位近況不佳的老友，十分不屑，「他只不過是老天厚愛，給了他機會而已」，言下之意，老天都不愛我們，沒給我們機會，否則我們也可以有相同或是更偉大的成就。

這位晚境不佳的老友，一向怒氣沖天，酸味十足，我們早已習慣，其實這位老友也曾經風光過，但因為野心過度，擴張太快，導致事業急轉直下，一蹶不振。如果說老天對他不好，我是不能同意的。

同樣的，老天對我不好，沒給我機會，這也是我不能同意的。五十歲以前，我也常目空一切，做對了都是我自己的能耐，不順利則怨天尤人。但五十歲之後，開始能自省，老天爺對每個人都是公平的，這是我自省的最大發現。

仔細盤點我的一生，老天爺總共給了我五次機會，我搞砸了兩次，掌握了兩次，而一次是現在進行式，前途未卜。

我曾是最早投入便利超商經營的人，但我做壞了。網路新媒體那一段，我們也沒掌握。但我們掌握電腦走入家庭的機會，成功的創辦了《電腦家庭》雜誌，我們也掌握了出版業轉型的時機，成功的建立了城邦出版集團。

至於正在進行中的機會，看起來十分弔詭，更像是挑戰與危機，那就是媒體的數位轉型。這個挑戰每天都在折磨我，但我深信，這是機會，我何期有幸，趕上人類內容與知識形式變革的關鍵年代；我更深信，如果我掌握得好，那我們的團隊將更上層樓，有另一番景象。

這就是我現在深信不疑的信念，老天爺對每一個人都是公平的，都會給每個人機會，但最後結果如何，就看每個人是否看得懂，是否準備好，是否能做對事，是否有效掌握。

看得懂，察覺這是上天賞賜的機會，這是每個人能否掌握的第一關。投入超商經營時，我不知道這個事業潛力無窮，我也不知道我是最早投入這個產業的人，我只因年輕，因緣際會撞見，也沒有一定要成功的打算，稍遇困難也就放棄了。

因為看不懂，所以大多數人在第一關就錯過機會；因為看不懂，也有許多人把機會當成危機、當成折磨，抱怨天地不仁。我現在面對的數位內容的變革，就是如此。表面上看，這確實是內容業者的災難，但年老如我者，知道這是千載難逢的機會。

自己是否成熟，是否準備好，是掌握機會的第二個關卡。創辦《商業周刊》，涉足網路新媒體，我知道是機會，但我才德不足、領導力不佳、策略思考錯誤，也曾錯失機會。

唯有自己準備好（包括內心的修養與外顯的能力），才足夠應付挑戰。準備好，才能有效的做對事，精準的執行，也才能把機會變成成功的果實。所以自己準備好，是掌握機會的關鍵成功因素。

我相信機會無所不在，不論自己從事什麼行業，做什麼工作，人的一生都有三次以上的機會，只要掌握一次，都可以不虛度此生。只是大多數人看不懂，也沒準備好，而辜負了老天美意。

後記：

❶機會與危機是同義字，因為變動才產生機會，但也隱含危機。機會要掌握，危機要避開，每一個人的看法都不同。

❷成功的第一個關卡，是辨認機會，才能採取行動。大多數人一輩子沒看到機會，當然也從沒拔劍奮起，傾力一搏過。這些人不是沒機會，而是態度、眼光不對。

❸人生的第一步，就是相信上天是公平的，努力尋找那三次機會吧！

新事業從簡單開始

創業是邁向成功最近的道路之一，但是創業的第一步要從簡單開始，找到明確的需求，提供精準的服務或商品。複雜的創業計畫，通常很難成功。

一個年輕人擬了一個新事業的創業計畫，讓我給他一點意見，我請他把創業計劃書寄給我看看。他寄給我一個估計有一、兩百頁的龐大計劃書檔案，看得我暈頭轉向。

受人之託，忠人之事，我還是耐住性子，花了三個小時將計畫仔細看了一遍。我不得不承認，他是一個非常有心的年輕人，在他所想創業的領域，鑽研極深，理解也非常透徹。

這個年輕人幾乎把所有的可能都設想到了，所以整份創業計畫幾乎是整個產業鏈的分析，其中也指出了許多潛在的市場機會，而他的計畫就從這些市場機會展開。

我約他見面詳談，先給他三分鐘，請他說明他的創業計畫。他十分為難的告訴我，三分鐘不可能說得完。

我進一步解釋，只要告訴我：市場機會在哪裡？要用什麼產品或服務，去滿足這個市場機會？大概要投入多少錢創業？以及，做得好的話，可能的生意規模有多大？

他嘗試回答這些問題，但還是說不明白。簡單說，他想做的領域，絕對有創業的空間與可能，但是，他想太多、想太複雜，複雜到整個計畫像一團纏繞混亂的毛線球，他根本找不到解開整個毛線球的線頭。

於是，我告訴他一個創業最重要的原則：從簡單開始。

大多數的新事業，通常從市場機會開始。我們會看到市場上尚未被滿足的空檔——通常是消費者有某種困難，但沒有被解決，而社會大眾一直在尋求困難的解決方案。這就是需求，這就是機會。

接著，針對這些需求，規劃可能的產品或服務，以解決消費者的困難。這就是我們即將開啟的新事業。

再來就是設想這個新事業的執行計畫，並據以完成資金規畫，且同時思考：如果計畫成功，未來的遠景如何，值不值得我們全力以赴投入？這便是規劃我們投入新事業的機會成本。

按照我的經驗，如果真的已構思清楚，通常可以在三分鐘之內，把整個計畫的核心概念說完，這就是「新創事業從簡單開始」的原則。

對每個人來說，新創事業都是「偉大」而重要的事，所以難免會極盡可能的周延、小心、謹慎，甚至會設想出一個遠大而複雜的計畫，就像這位年輕人一樣，提出一份一、兩百頁的創業計劃書。

周延、小心、謹慎是對的，把整個事業的未來發展「想透」，更是對的。但是經過想透的過程之後，要再經過一個簡單的純化過程，把新事業計畫回歸簡單的概念，也要簡化成淺易可行的執行步驟。

概念簡單，自己才不迷惑；方法簡單，新團隊才能工作；產品簡單，客戶才知道要不要；資金簡單，創業者才有能力負擔。

經過簡單的純化，新事業才可行。

後記：

❶創業者通常能力不足、資源不足，應付簡單的生意還算勉強，但面對複雜的生意，可能就無法執行。

❷事前規畫可以周延，可是一旦進行執行，就要簡化，要聚焦在明確的市場需求上，提供功能明確的產品。須知，客户眼中容不下複雜的產品。

先有對方後有我

每個人都從自我出發：想自己的利益，想自己公司的利益。想了太多的自己，想了太少的對方。因此，許多合作破局，都因找不到互利的平衡點。

最好的談判起點是：先有對方後有我。先想想對方的利益吧！

公司裡的某個團隊想和一個國際知名的公司合作，同事告訴我，我們如果能與這家公司合作，由於雙方的優勢可以整合，將可以產生非常大的綜效，所以應該全力爭取。我非常認同他們的想法，所以全程參與，並要求他們提出完整的合作規畫。

為了確保談判順利，在他們出國洽商前，我要求就合作方案給我做個簡報。

簡報內容確實非常精彩，但卻有一個極關鍵的缺失：我的團隊想了太多的「我們」，我們的期待、我們的需求、我們要做的事等，卻想了很少的對方，不知道對方的需求、期待、困難。

我要求他們延後見面洽商的時間，重新仔細思考對方的需求與期待，先忘記我們想要做什麼，先替對方想清楚。想完對方的需求之後，再想想看我們能替對方做什麼？我們對他們會有什麼貢獻？最後再提出雙方可能的合作。

經過一個禮拜的努力之後，我的團隊果真提出了一個連我自己都覺得極具說服力的合作方案，因為那是一個「雙贏」的計畫，對兩邊都有利益。

我不斷重複類似的工作與思考，不斷宣揚一個觀念：「先有對方後有我」。凡事要先替對方想，想完對方，才想自己。如果發覺對方的需求，是我可能提供的服務，雙方才有合作的可能，否則一切努力都白費。

不過這似乎是件很難的事，我的同事還是經常先想自己，再想對方，甚至只想著自己要什麼，忘了對方要什麼。

這是最重要的商場邏輯：生意一定有雙方，單方有利的生意，只會成交一次，不利的一方甚至會有上當的感覺；合作一定也有兩邊，合作成立一定是對雙方都有利。所以要促成生意或合作，一定要洞悉對方的需求與期待，徹底瞭解對方的需求，然後把我方的期待建立在對方的需求基礎上，才有機會成功。

有些公司的信念是：客戶第一，員工第二，股東第三。這也是「先有對方後有我」的極致延伸——客戶、員工都是「對方」（相對於股東）。

服務讀者，心中有讀者，出版讀者想讀的圖書和雜誌，這是我們的最高信念，只不過我的大多數同事，心中想的還是「我」及「我們」：我想做什麼？我想出什麼書？我們能做什麼？我們想得到什麼？我們會有什麼利益？我們能出的條件是什麼？我們想簽什麼樣的合約？

每一個人一定先從「我」出發，公司一定先從「我們」開始，如何讓「我」和「我們」獲利極大化，這是每個人生活、工作的本能。尤其面對生意、合作、談判，我們也難免把自己放在第一位，一切先想自己。要進階到「先有對方後有我」，是職場上最難突破的瓶頸。

這不能只是觀念，要在工作上具體實行：談判前，先寫下對方三個需求，才能寫下一個我方的需求；先解決對方的困難，才能提我方的要求；用對方的立場說話，捨棄我方的立場等。這需要不斷的調整和訓練，才能成就一個真正精明的工作者。

後記：

❶「先有對方後有我」，這只是一個思考角度，先瞭解對方的需求、喜好，雖結果未必能令對方滿意，但最少心意感人。

❷設想對方的需求之後，最好還能排出先後順序，何者是對方絕不退讓，何者是可以妥協，再決定己方該如何應對。

❸「先有對方後有我」，是談判成功的先決要件。

第 7 章

創業執行

如果說創業的籌備工作都是屬於策略面的大事，那麼創業執行相較之下，多屬於細節，但細節會決定成敗，仍然疏忽不得。

理論上創業執行階段，應該是就創業計畫照表操課（前提是你是深思熟慮的創業者，一切規劃嚴謹），當然少不了一些組織、制度、用人、除錯的事。但由於創業本身具有高度的不確定性，因此執行時會有更多見招拆招、因時制宜的狀況，這時就看創業者的緊急應變能力了。

這章提出了一些工作上的技巧及用人領導、解決問題時的經驗，給創業者當作他山之石，借鏡參考之用。

孤寂是生涯的必修課——創業者的專注力

創業者心大如牛，對機會敏感，對新生事務充滿興趣，常犯的毛病是不夠專注，容易被引誘。因此啓動創業之後，要專注在本業，就算所投入的行業是個冷門行業，也不可以左顧右盼，隨社會的潮流起舞。

一個非常能幹的部屬對任何事都有高度興趣，當IT雜誌盛行時，他躍躍欲試想下手辦IT雜誌；當網路勃興時，他也熱中要投入公司內的網路部門；當大陸市場興起時，他也表達想轉調中國工作的意願。

雖然經過慎重的考慮之後，公司都沒讓他得遂所願，但每一次也都大費周章的評估可行性，他的多元興趣其實給我帶來一些困擾。

另一個相關案例發生在圖書出版，出版市場是全社會的縮影，每一年全社會都會有新流行、新熱門話題，在出版市場中，相關的類型也會變成熱門的暢銷書。許多出版人隨時都在追逐流行，當熱門類型出現時，立即爭相投入，搶出相關的圖書。他們是市場的機會主義者，哪裡熱門就到哪，什麼流行就做什麼。有一些人當然也因而賺到錢，但大多數人如果速度不夠快，很可能就會被套牢。

守住專長，不斷鑽研

這兩個案例，都與人性害怕孤單、喜歡熱鬧有關。「從眾」行為是人類的本性之一，看到人群聚集，就想上前瞭解，好奇觀望。

在生活上追逐流行或許無可厚非，但在工作、生涯與生意上，追逐流行絕對是個悲劇。在證券業及銀行業開放時，辭掉原有的工作，投入證券金融業的人，因為半路出家，專業能力不足，後來淪為被資遣一族；在網路興盛時投入的人，在網路泡沫化之後，則淪為網路孤兒。期待乘浪而來，也要有心理準備，被浪潮淹沒。

我最怕不安於室的工作者，他們每天都在關注外界的變動，都在打聽最新的訊息，生怕錯過任何一個機會，沒能搭上市場勃興的列車，現在的工作只是他們暫時停駐的旅店，隨時都想趕往新的時髦。

我從來沒見過這樣的「機會主義者」獲得真正的大成功，因為流行會不斷變動，沒有人能永遠抓住流行，再加上半途插入流行的行列，代表著你對這個行業可能一知半解，並非你真正的本業，你的核心能力一定不足，也必然優先被淘汰。

真正的成功者，是守住一項本業、一種專長，不斷鑽研、不斷學習，成為這個行業專業的人。至於這個行業是不是現在社會上最熱門、最時興的工作，則非所問。

上天對每一個人都是公平的，流行不斷變換，你所從事的行業一定會有勃興的時候，只要你準備好，當鎂光燈來臨時，你就會成為當紅的明星。

大多數人需要花很長的時間忍受孤寂，那是你隱在暗處，自我修練的時刻。所有的孤寂、所有的修練，都是成就輝煌的必經過程，要有台下的十年功，才能期待台上十分鐘的完美演出！

後記：

在未啓動創業時，可以廣泛關注環境變動，注意新興事務、熱門行業，可是一旦選擇，就要忍受孤寂，全力以赴。

摸黑找答案——創業者解決問題的能力

創業從來就沒有標準答案，甚至可能是走在市場的前端，探索的是全新的生意模式。這時創業者是個探索者，就好像處在黑暗中，你要摸黑找答案。

我永遠忘不了第一天做記者的經驗。

那一天我到報社上班，因為是考試錄取，而我又不是新聞科班出身，因此忐忑不安。我的主管看到我，就丟了一大疊資料給我，說：「把這些資料改寫成五百個字的新聞稿，寫完交給我！」

接到指令，我愣在當下，不知如何是好。因為我不知道什麼叫「新聞稿」，更不知道如何寫「新聞稿」。我完全沒受過任何記者的訓練，更慘的是第一天到報社，舉目無親，沒有任何人可以問，那是一個人被丟到荒郊野外，要自力救濟、野地求生的感覺。

我本來直覺的想去找那個主管請教如何寫新聞稿，但再一想，我才第一天上班，萬一主管覺得我竟然連新聞稿都不會寫，要我回家怎麼辦？不行！我一定要自己找到答案。

於是我去找當天的報紙，仔細研究報紙的內容，發覺報紙的內容大約可分為兩類：一類是以「本報訊」開頭，另一類則是有署名的文章，沒有「本報訊」三個字。我判斷，署名的文章比較重要，而我第一天上班，應該輪不到我寫署名的文章。因此「新聞稿」一定不是署名的文章，應該是那種以「本報訊」開頭的文章。

接下來我仔細閱讀所有「本報訊」，並開始歸納其寫作方法。我發覺，通常第一段要涵蓋內容重點，並點出主題，其後段落再帶出全部內容。有了這個結論，我就用這個方法寫出我生平第一篇「新聞稿」，並在極度不安下交卷，害怕被打回票。沒想到我的主管大致瀏覽一下，沒有任何回應，又去忙他的事了。

我的記者生涯就是在這種孤立無援、野地求生、「摸黑找答案」下開始。

創業之路需摸黑前行

也許是因為有這樣的經驗，在其後的工作生涯，我很習慣「摸黑找答案」，對任何新事物我不害怕，我也常常在孤立無援中，在沒有足夠的訊息下，嘗試用自己的力量，一步一步尋求解答。在沒有路中，自力救濟，找到路走出來。這種「摸黑找答案，沒路找到路」的特質，變成我的核心能力的一部分。

其實在工作中，遇到這種與世隔絕、孤立無援的狀況並不多，就算是百分之百的創新事物，我們都有機會去請教別人，尋求解答。但「摸黑找答案」的能力，是每一個人面對困難的終極標準，能「摸黑找答案」，代表你的能力具有無限可能。

要培養出「沒路找到路」的能力，首先要相信自己，相信我能夠在沒有外援下自力救濟，只要有信心，就可以不憂不懼，自己慢慢尋求解答。

有了自信之後，其次要冷靜，其實不論任何情境，都可能留下各種不同的蛛絲馬跡，我們只要冷靜的觀察，仔細的分析，都不難找出可能的解決方案。

最後，就是要放手一搏。猶豫不決只會壞事，「摸黑找答案」本來就無全然的勝算，沒有信心，險中求勝必輸無疑。

後記：

❶創新事業，創新的生意模式，就是在探索市場全新的規畫，這是創業最佳的機會，但也風險最大，如果創業者抱怨沒規則可循，那你不該投入創新事業。

❷創業者有太多「不會」的事，面對「不會」要立即學會，摸黑找答案，是克服不會的方法。

好警察與壞警察——創業者的自我制衡方法

創業者在公司中擁有絕對的權力，每個人都想從你身上得到好處，如果你性格軟弱，不敢拒絕，那最好的方法，替自己找個制衡的力量，替你扮演「壞警察」的角色吧！

美國警匪片中，警察審問犯人時，時常用「好警察，壞警察」（good cop, bad cop）的兩面手法，由一個人扮演壞警察窮凶惡極，完全不講理、刑求逼供無所不用其極；另一人則扮演好警察，以溫柔攻擊、突破犯人心防，這種「good cop, bad cop」的兩面手法，在西方社會中，大家都耳熟能詳。

「好警察，壞警察」的手法除了運用在商場上的談判外，在企業經營上也運用廣泛，大權在握的老闆與獨當一面的主管，面對麻煩問題時，都需要有人扮演「壞警察」的角色！

每一個大權在握的人，都會面臨外在的期待與壓力，大家都知道，只要說服你，就可以從你身上要到資源、要到好處。如果你本身定力不夠，拒絕的能力不足，很可能就會做出錯誤的判斷。所以一個喜歡演「好警察」角色的老闆或主管，一定要有別人來演「壞警察」，你才能有效處理麻煩事務。

一位上市公司的總經理告訴我，為了避免心懷不軌的大股東的需索，他在股東會中，以偷襲的方式通過了一個「不得與股東有財務往來」的條款，成功阻止了大股東的借款要求。這位總經理用股東大會的決議，扮演「壞警察」的角色。

這當然是比較特殊的例子，面對的是具有實質權力的大股東，才需要大費周章，動用到股東大會。比較常見的例子，是制定各種制度，讓系統來當「壞警察」，就可以避免用個人的力量來阻擋外界的壓力。

讓公司制度當壞警察

許多公司有一些有趣的規定：公司一律不准買車，如有特殊需求必須買車，必須呈報董事會決定。主管如有配車需要，也要呈報董事會決議。這項規定目的在杜絕公司在車輛上的非必要花費，也讓老闆可以遠離專業經理人的不當需索。在中國大陸，這條內規最有效，可以避免公器私用的問題，這就是讓制度當「壞警察」，也讓溫和的老闆可以簡單拒絕困擾。

在我創業的過程中，我會把這些麻煩事，全部訂在公司禁止的規章中。我把自己的權力縮小，並告訴大家，制度雖然是我訂定，但連我自己也要遵守，因此沒有人能有例外，再怎麼逼我也沒用，因為制度不變，誰都不可以違背。

在我當小主管的時候，明明獲得老闆的信任，但有時候我會刻意放棄某些權力，讓老闆替我當壞人。例如：有人要求太大幅度的加薪，我會告訴部屬我沒有這種權力，所以別逼我；當我想要求某些事，而自己的權威不夠時，我也會要求上層主管替我背書，以他們之名發布，這都是讓上司當「壞警察」的例子。

大權在握，一言而決，當然是權威而痛快的情境。但老闆和主管一定要學會用「好警察，壞警察」的兩面手法之後，才真正瞭解權力的奧妙！

後記：

❶我遇過許多小老闆，名片上都只印個經理，他們告訴我，只要人家不知道他是老闆，許多事他就可以拒絕，因為「老闆」不同意。

❷董事會、公司制度都是「bad cop」的好理由，董事會不同意，公司明訂制度不許可，所以「我」不能答應你。創業者必須為自己留個拒絕的後路。

你多久沒提筆了？——創業者思考沉澱的方法

創業者日理萬機，許多事無法深思熟慮，以至於倉促而就。揮筆寫計畫，把想法文字化，用白紙黑字留下紀錄，是讓創業者冷靜沉澱的必要手段。

我常常被問到一個問題：每週都要寫一篇文章，又要有很好的主題，請問你是怎麼做到的？

面對這個問題，其實答案很簡單，因為這是我這輩子唯一會做的一件事，你不會問廚師他為什麼會做菜；你也不會問司機，他為什麼會駕駛。一旦一件事變成你的專業，不斷做這件事就是最理所當然的事！

可是在每一次的回答過程，我隱然發覺了另一個值得深究的問題：似乎有許多高階經理人、老闆，可能已很久不曾提筆，寫文章、寫計畫對他們已經是很久遠以前的事了！

從談話中，我猜測這些大老闆們現在已進入「動口不動手」的「君子」階段，所有的事大都有專業的團隊協助、協力，他們的頭腦不停息，嘴巴也不停息，但手已經停下來，所有的計畫、文章，都有人代筆，久而久之，他們離寫作就越來越遠了。

但我可以確定一件事，在這些大老闆年輕的時候，他們是會提筆的！他們是經常寫計畫的！他們從一個概念出發，想清楚每一件事，確定每一個步驟，用筆寫成完整的規畫，再用嘴巴去宣傳、去推廣，然後再根據企劃書一步步執行，最後成就成功的企業。

他們又為何遠離寫作呢？一位老闆告訴我，他本來就對寫作不在行，創業時百廢待舉，資源有限，必要時只好自己勉為其難，自己動筆。但這確實是個苦差事，因此當有人可以代筆，他就不再動筆。

我很想告訴這些大老闆及高階經理人們，寫作沒那麼難，更沒有那麼痛苦，且一點也不神聖，如果可能，都應該繼續保持動筆的習慣。

利用文字化過程作為決策判斷

我所謂的動筆，指的不是創作、不是寫文章，而是把你所想的、所說的，用文字寫下來，因為寫下來是精煉的過程，可以把你發散的思緒、不精準的想法，有效的濃縮成邏輯精準、主從關係明確、層次分明、說理清晰、結構嚴謹的文字，這些都是決策過程最佳化的保證。

根據我自己的經驗，想法通常是模糊的，只有一個大方向，我隱約知道其可行，如果我不用筆寫下來，想法永遠是不周延的。尤其當想法代表一個龐大而複雜的計畫，那麼文字化更重要。我會在文字化的過程中，釐清邏輯關係，仔細展開每一個步驟，然後我才能確知整個計畫可不可行，也才能作為工作及決策上的判準。

而自己不動筆，由別人代筆有什麼壞處呢？別人代筆的文字寫得再好，都是別人的思維，你很可能被修飾過的精美文字所迷惑，陷入別人的思路，欠缺了一道反覆琢磨、推敲、肯定、否定再最後確定的過程，而這個過程，是高階經理決策過程中最珍貴的步驟。

我無意因為自己是個文字工作者，就強調寫作的重要，但我確實在寫作文案、計畫的過程中，避免了許多決策上的悲劇，我也期待所有的經營者不要忽略文字化的重要性。

後記：

有人問我，我本來就沒有寫文章的習慣，如何能提筆？其實我說的不是寫文章，而是用文字速記在筆記本，在任何紙上寫下你即刻的創意、想法，以避免靈光乍現之後忘記，這點每一個人都可以做到。

小數迷糊，大數清楚
——創業者財務敏感度的訓練

創業是用財務報表計算成敗，所有的創業行動都會以數字為依據，創業者必須對數字敏感，至少要對大數清楚，要在腦中記憶，不可仰賴報表。

一個剛升為主管的同事，第一次參加業務檢討會，緊張的報告當月的業績，他辛苦的念著報表上的數字：「一千八百二十三萬五千七百零二元。」然後說明這個業績分別由三個小單位達成，「業績分別是一千零二萬三千五百元、四百三十萬三千兩百三十元，以及……。」

我終於忍不住制止他繼續往下，並說明：只要報告大數就可以了，萬以下的數字可以省略！

這當然是一個特殊的例子，這位新主管是個老實人，沒見過檢討會的場面，所以緊張，這不足為怪，習慣了就會適應。但是對數字的感覺、對數字的熟悉、對數字的精明，不會因為主管做久了就會擁有。我看到許多人不論職位再高，對數字永遠陌生，而這種人在組織中，只能擔任功能性的職位，無法升任高階管理職位。「數字」其實只是職場中隱藏的殺手，只是大多數人都懵然無知。

我找來這位主管，告訴他幾個培養數字能力的原則與方法。

「數字是重要的工作依據，對數字精明是主管必備的能力。」這是原則與態度。如果覺得自己是數字的白癡，就要立即下決心補強學會，絕不可以不當一回事。

其次，忽略小數，只記大數是最重要的方法。就像前面所述：以萬為單位，記住「萬」的大數就可以，以下的小數可以不計。

沒有人的記憶力好到可以應付小數目，因此掌握大數是對數字精明的開始，而掌握大數，還可以隨數字性質及大小隨時調整。

我記得當我購買比爾．蓋茲的《數位神經系統》（*The Speed of Thought*）一書時，書中告訴我微軟的財報是以百萬美元為單位，換句話說，「百萬」就是微軟公司的大數。你必須敏感的大數單位，可以從億、千萬、萬，甚至更低，這是每一個工作必須設定的數字敏感（精明）基準，遇到這種數字，就要記在心裡（背起來），隨時可以說出來，琅琅上口，而不是看著報表念。

「瞭然於心」是對數字精明的關鍵，要記在心裡，而且知道這個數字的意義，是多還是少？是好還是壞？是平均值，還是特殊極端值？這樣你就可以不需看報表，自己就能說出這個數字。

熟記各種工作相關指標值

除了記住大數、瞭然於心之外，還要熟記各種工作相關指標值，如每月單位平均業績、個人平均業績、最高（低）業績、產品平均單位、銷售數量；行業相關指標值：同業的業績、價格；環境相關數字：國民所得、人口數、市場規格等。這些相關指標數字，到底要涵蓋哪些？範圍多廣？完全看個人的工作內容和工作態度而定。

我個人的習慣是，盡可能放大觀察及記憶的範圍，只要看到的、記得住的都要吸收消化，目的是讓我面對任何數字都可以立即有感覺、有判斷，隨時可以做出因應。長期訓練下來，我變成對數字超級敏感的人。

如果你只要當個小職員，領份薪水，數字對你不是問題，但只要想成長，從今天起，對大數清楚吧！

後記：

❶在我遇過的大老闆中，陳茂榜（聲寶公司創辦人）的數字記憶最好，他可以背出國民人口數、世界各國土地面積、各種統計數字，但他的數字感是訓練出來的，只要有心就能做到。

❷不只記住數字，更要記住數字背後的意義，以作為比較的基礎。

一個問題，你的答案
——創業者培養自信的方法

創業者一定要用「自己」的方法，才能創業成功，因此請教賢者、達人、學者、教授之後，要自己歸納出自己的答案，才能適合自己事業的需要。

每一次演講完的Q&A時間，都讓我覺得困擾。因為有許多問題，並不是讓我抒發意見，而是直接尋求我的解答，而且這些問題，很可能是他們正面臨的困擾，而我的解答，很可能會被他們直接採用。這種狀況，經常讓我猶疑不決，生怕我即席的回答，在未深入瞭解問題的前因後果下，可能會下錯藥方，陷詢問者於不義。

因此我一再強調，我的說法只是「一家之言」，絕非標準答案，僅供參考，請讀者要比較、分析，尋求自己相信的最佳解答。因為別人的建議，都是不負責任的，而你要為自己的決定，負完全責任，受益、受害都要一力承擔，因此你要自己尋求自己相信的答案。

「尋求我自己的答案」，是我經過無數失誤之後得到最珍貴的教訓。年輕時我也常詢問別人的意見，尤其面對長者、成功者，我都虛心請教，他們也都給了充滿智慧的答案，讓我欽恭不已。但這些答案，常常讓我在工作上感到疑惑，因為有的根本不可行；有的雖可行，但事後效果不彰。因此最後我慢慢得到自己的結論：長者、智者和成功者的答案，都只是「一家之言」，不見得是我在工作上絕對可行的答案，我要在聽完所有人的「一家之言」之後，重新整理、分析、歸納、判斷，為自己下一個決定。這個決定才是我自己真正的答案，而我的命運也會和這個答案緊緊相連。

解決問題的SOP

我慢慢得到一個解決問題的SOP：當我遇到問題時，我不是尋求標準答案，而是尋求許多答案組合，包括我自己的想法，也包括書本上找來的答案，當然還包括長者、智者、成功者等給的答案。這些答案各有依據，也言之成理，但對我而言，都只是原始資料（raw data），我不能一廂情願的相信，我需要消化整理，然後得到一個我自己相信的答案。這就是一個問題，一個答案，到許多答案，到最後得到我自己的答案的問題解決過程。

第一個「一個答案」，指的是自己初步的結論，一定要先有自己的第一個答案，這個答案可能是直覺的解答，也可能是深思熟慮之後的解答。但有「自己」的答案，代表你想過、願意為這個答案負責，這有助於你深入問題的核心。

再來的許多答案，就是你上窮碧落下黃泉尋求解答的過程。每一個你問到的人都會給你答案，但重點不只是答案，而是答案背後的邏輯和思考過程。這也是我現在的習慣，**不給答案，只給思考架構、只給分析邏輯。**當然一定要有答案也可以，但聲明這是不負責任的「一家之言」。當聽完了許多人的分析和答案之後，你很可能頭痛欲裂、無所適從，這時候你需要找個地方靜一靜，耐住性子抽絲剝繭，重新下一個對自己負責的決定。

重新下完決定，提出自己的答案之後，別忘了比對一下自己當初下的第一個決定，看看兩者之間的差異。這就是你詢問過無數聰明人之後的學習與成長，而你的命運會與你的答案緊緊相連。

後記：

這篇文章說的其實是創業者的信心和主見，創業者要有超乎常人的信心，也要有自己的判斷和主見，因為沒人瞭解你所遭遇的情況，只有你自己最清楚。你可以請教別人的經驗，但最後的決定要自己下，不可輕信別人的建議。

用望遠鏡看未來——創業者必要的策略校準

創業者每隔一段時間，就要校準一下現在的進度是否偏離目標，這時候，用幾年後的長遠想像分析，就是用望遠鏡看未來。

我三十四歲離職創業，那是一個毅然決然的決定，我只花了五分鐘就下定決心，這個「用望遠鏡看未來」的策略校準過程，是我一生成敗的關鍵。

三十四歲那年，是我職場工作最風光的時候，我是《中國時報》的財經新聞主管，那時《中國時報》發行量號稱一百萬份，是台灣第一大報。而我這個主管，掌管最重要的財經新聞，台灣幾乎所有的企業家都希望認識我，因為任何一則新聞，都會對他們造成重大影響。

我每天周旋在企業界的應酬場合中，自以為是重要人物，我也每天接觸台灣重要的財經官員，暢談財經大事，我幾乎忘了自己只是個小記者。

我先問自己，就這樣「醉生夢死」過一生嗎？（當時每日應酬，確有醉生夢死，不知今夕何夕之感。）我的第一個答案是：還不錯，記者外表風光，待遇也尚可，就繼續做吧！

如果繼續當記者，我想我這輩子就離不開《中國時報》了，創業也就不必想了，這輩子我會在《中國時報》終老一生。這時候我決定問自己第二個問題：二十年後，當我五十四歲時，我在《中國時報》會擔任什麼工作？

這就是用望遠鏡看未來的策略校準，現況感覺不錯，那長遠的未來呢？

決定創業的策略校準

我先問自己，我會變成老闆嗎？不會，我不是老闆的兒子，我不可能接班成為老闆，這個答案讓我十分沮喪，因為創業一直是我的想望。我接著問：我會變成發行人、總經理、總編輯、社長……嗎？答案都是可能的，我可能會擔任這些僅次於老闆的重要職位，但我卻益加不快樂，因為這些職位都只是報老闆的棋子，會上台，也會下台。上台的時候高高興興，下台的時候悽悽慘慘，我不喜歡我的命運決定在別人手中，我希望快樂自主，做我自己。我喜歡新聞工作，但我不喜歡變成報老闆的棋子，我若繼續在《中國時報》待下去，我這一輩子會不快樂、會後悔，我做不了自己！

這就是我回答完自己的問題後，五分鐘就辭職的經過，因為當我用「望遠鏡看未來」進行一生的策略校準之後，我確定替人打工這條路不會到達我想要的目標，此刻不辭，更待何時？

人的一生有無限想像，你可能立下志願、訂下目標，作為你一生的追逐。可是每個人也活在當下，被每天的例行生活所束縛，因此當我們活在每一天的當下時，也要定期做策略校準，檢查一下我們是否逐漸遠離我們早已設下的人生方向與目標，這就是所謂的「用望遠鏡看未來」。

為什麼我在問完第二個問題後，五分鐘之內就決定辭職創業？原因很簡單，我想創業的念頭早已瞭然於心，早已是我內心長久的呼喚，只是我習於每日工作的安逸，而繼續「醉生夢死」。但這禁不起我自己用「二十年後會如何？」這麼簡單的問題檢驗。當我想像未來的可能時，我知道我現在走錯路了。

這不是佛家的「頓悟」，這也不是忽然之間就想清楚人生複雜的命題，而只是一次比對，比對我現在所做的事，和我想走的路，和我未來的人生規畫之間的關係，當現在和未來方向不在同一個軸線上時，我知道我要懸崖勒馬。

我們除了每天活在當下，也要一段時間後，三年、五年、十年、二十年，用望遠鏡看未來會如何，自問：「這是我要的人生嗎？」

後記：

❶差之毫釐，失之千里，每天很小的誤差可能會變成無法挽救的悲劇，不時校準是創業者必要的工作。

❷這也是想明天的事，人無遠慮，必有近憂。

對的人的力量
——創業者找人的原則

創業者要先把自己變成對的人，這最好在創業前就已經完成，然後為團隊尋找對的人，當所有對的人聚集時，創業就成功了。

在銘傳教書的經驗，讓我體會到一個對的人，力量有多大。

在兩年的教書經驗中，我教的是新聞寫作及雜誌編輯，這兩門課都有很多的專案作業，在我出的題目中，難免有難有易，簡單的作業同學很容易就完成，但也有較不易完成的。本來我以為是因為難易有別，但後來我讓那些已經完成簡單作業的同學，再去做較難的作業，沒想到他們也可以完成。

再下一次的作業，我刻意讓這些能完成作業的同學，做一些更難的題目，雖然多花些時間，但最後他們還是可以完成。

最後我知道，不是每一個人都可以完成作業，只有對的人可以，而且只要是對的人，不論多難的作業，都可以完成。

我嘗試瞭解他們的差異，我發覺，這些能完成作業的人，心中想的是，老師的作業非完成不可，不完成不能向老師交代。而那些完成不了的人則認為，只要去試試看，完成不了一定是老師的題目太難了，回去向老師反應。

我不願承認人有資質差異，但我從此知道一個對的人，力量有多大。從此我在工作中，努力尋找對的人，只要找到對的人，我充分給他舞台，讓他快速成為未來的接班人選。

成敗關鍵在於放手的藝術

為了尋找對的人，我的組織中有非常多的小團隊，也有很多的任務編組，而每一個團隊都由一個人負全責，他就是一個小老闆，他可以做所有的事，他要為成敗負完全責任。

這種狀況，很容易就看出來誰是對的人，有的人很快就上路，他可能天生就是對的人；有的人慢慢學會，中間也會犯一些錯，但他知錯能改，一步步逐漸學會；也有的人做不好，但理由更多，我就知道我該換人了。

為了讓對的人發揮最大的力量，我也會讓一個人先做完新事業的工作規畫，測試生產流程，一直到做出新產品，證實新產品可行，生產流程有效率，才下決心建置新事業。

我曾經讓一個人默默地工作了半年，一直到編出新書，找到正確的工作模式，才正式成立新單位。一個對的人，會為全公司開創出全新的事業。

對的人不害怕新事務，他們認為新事務總要有人嘗試；對的人不害怕一個人做事，他們相信有多少人做多少事，一個人也可以按部就班做出一些事；對的人不挑事，他們認為公司主管會派他們去做這件事，一定有道理，而且他們對自己有自信，任何事都可以試試看；對的人不怕陌生的環境，他們可以在黑暗中，慢慢找出路來……。

對的人是組織中那做百分之八十貢獻的百分之二十的人，替每一個單位找到對的主管，讓每一個對的人出頭，然後放手讓對的人發揮，是公司成敗的關鍵。

工作者則應該問自己，你是那個組織中迫切需要、極力尋訪的對的人嗎？還是你不斷在拒絕加入對的人的行列？

後記：

❶一個創業者向我抱怨，他就是找不到優秀人才，所以創業一直沒做好。我回答他，創業就是要做「找對的人」的工作，你連這件最基本的事都沒做好，怪不得創業不成。

❷沒找到對的人，很可能因為創業者本身是「錯」的人。

百分之百的信賴

——創業者如何激發團隊潛能

創業要從一個人出發，從極小的團隊出發。小團隊的好處是手眼協調，向心力強，但如何讓你周遭的人信賴你，全力以赴呢？先全然信賴他們吧！

我和我的次級主管有一項不為人知的默契：所有的公文，只要我看到他們的簽字，我就閉著眼睛簽名。這代表我對他們完全的信賴，任何事情，只要經過他們的手，他們認為可行，到我這一關我絕對會同意，我不會有任何的質疑，我百分之百信賴他們的判斷。

有一些剛升任的次級主管，當我告訴他這個百分之百信賴的原則時，他們很害怕，他們怕我不替他們把關，萬一他們做錯決定怎麼辦？那不是連我一起拖下水？

我告訴他們別害怕，這只是我個人的「百分之百信賴的何氏風格」，但不代表我不替他們把關，只要他們仔細思考、小心謹慎，如果這件事百分之百有把握，那就放心大膽簽名，我也會信賴與認同。

但是如果仔細思考之後，仍然猶豫不決，那絕對不可以簽名，應該來和我仔細討論，當有結論時，再下判斷、再做決定。絕對不可以在自己沒把握時，勉強下結論，那就會辜負我對他們的信賴。

我還告訴他們，只要他們仔細思考、小心謹慎判斷之後，縱然有些判斷錯誤，導致我也跟著犯錯，只要不是疏忽、自以為是，我都概括承受，一切責任由我負擔，請他們不用害怕。

用信賴連結、用默契工作

這許多年來，對次級主管的「百分之百信賴」的原則，已歷經了無數的考驗，幾乎沒讓我產生困擾。所有的主管也沒讓我失望，他們雖不能說從沒做錯判斷，但確定沒有大錯。更可貴的是，他們因為這樣被我信賴，反而學會積極負責，勇於替我承擔責任，讓我能向上負擔更大的責任，而不必不時回頭，擔心他們出錯。

他們因被百分之百信賴，而培養出對自己的肯定；他們因為被百分之百信賴，因而對我有知遇之心，更加全力以赴工作；我的團隊因為被百分之百信賴，因此上下一心、團結一致；我因對他們百分之百信賴，而縱有錯誤時，我也一肩扛起，沒讓他們有所責難，他們就更加小心、避免犯錯，不讓我冒風險……。

「百分之百信賴」的好處太多了，那是一種家人、全然放心的感覺，我無怨無悔信賴他們，他們就更全心全意保護我，而所有的工作更在這種水銀瀉地般的密切合作下，展現了令我滿意的工作成果。

我承認這應是「長官與部屬」之間的最高境界，用信賴連結、用默契工作。但要進入這個境界之前，還要有一些前提：第一就是用人的絕對道德觀，不用品德及性格上可能有問題的人；第二，在用人之後，都要經過長期的培訓與觀察，要確定這個人是值得信賴的人；第三，要提防馬謖型的人物，馬謖是個有能力的人，但輕慢自大，致失街亭，讓諸葛亮不得不揮淚斬之，這種人是「百分之百信賴」的超級殺手，要絕對小心謹慎。

我很驕傲我的「百分之百信賴」的團隊關係，但這也要所有的人小心呵護，才能持久。

後記：

❶當人被認同、肯定時，他就會變成好人；當人被信賴時，他就變成可信賴的人；當人被不斷檢驗時，他就會犯錯，來證明你的檢驗有必要。

❷我喜歡被信賴，所以我也百分之百信賴別人。

❸如果要不信賴，訂個制度吧，至少制度是對事不對人。

看懂賠錢的生意——想像力

已經賺錢的生意，大家都看得懂，人人可以複製；賠錢的生意，則大家避之唯恐不及。但如果能看懂賠錢的原因，就可預知未來如何改善，進而賺錢。看懂賠錢的生意，成功就不遠了。

某個機會，我遇到一家公司的三個合夥創業者，他們分別具有三種特殊的專業，而這三種專業又正好是那個行業成功的核心關鍵能力，再加上這三個創業者都是意念單純、道德高尚的人士，彼此分工合作，運作非常良好。我發覺這家公司真是超完美組合，我判斷他們創業必定會成功。因此，我一再向這三個人表達我的誠意，並盼望他們開放一點股份讓我投資。

當時這家公司剛創業不久，還在賠錢階段，聽到我的投資意願，他們表示感激，但因還在賠錢，不好接受我的投資，等狀況好轉，有機會再開放我入股。

聽到這個答案，我確定他們是值得信賴的人，因此更鍥而不捨的追蹤，誠懇的表達我的參與意願。我就這樣追蹤了三年，終於得到投資的機會。後來這家公司果真十分成功，幾乎年年賺一個股本，而我的投資也得到豐厚的回收。

描述這個故事並不是要炫耀我成功的投資，而是這背後隱藏了一種能力，這種能力，大多數工作者鮮少具備，只有少數特殊的人才會擁有，值得探討學習。

這種能力就是想像力。想像力就是除了看懂表面的現象與已知的事實之外，還能推展未來的可能變化，透過重組各項訊息，增添不同的條件與要素，使已知的事實出現結構性的巨大變化。有想像力的人，往往看到與一般人不一樣的世界，因而也常常做出和一般人不一樣的判斷與作為。

以這個投資案為例，事實明顯簡單，那是一家賠錢的公司，而且離賺錢很遠，只看當下，根本不值得投資。但我不只看表面，我還看他們所具備的核心能力，我看他們的品格操守，也看他們之間的互動。我確定他們有專業、值得信賴，再加上合作良好，這樣的公司絕對具有成功的要件。所以我從現在賠錢的生意中，看到賺錢的可能，我回歸生意本質的原點，再運用想像力，判斷這家公司前景無限。

這就是想像力，想像力需超脫現實，預演未來可能；想像力也是非線性思考，要看得出不連續的創新能力；想像力講究的不是百分之百的肯定，而是不確定的可能。

我花了非常長的時間學習想像力，努力讓自己擺脫凡人的窠臼。

想像力可以用在各種地方：個人的生涯規畫，有想像力才會有超凡的人生可能；執行日常事務，想像力會讓我們突破原有的方法，創造新的流程；開發新產品，想像力會跳脫既成的生意模式，產生「不連續的創新」；尋找投資機會，想像力更會讓我們從賠錢中，看到賺錢的可能，而得到最大的回報。

以我的經驗，想像力不是能力，而是眼光。當我對已知不滿，對常態不滿，對大家都一樣的結論生氣，我就會發揮想像力，最終看到、想到異於常人的現象與結論。

後記：

❶這家公司所從事的行業，我並不瞭解，但我回到生意的原點，核心團隊既有專業，品格又佳、做事又努力，這種組合一定成功，所以我才會鍥而不捨的提出投資要求。

❷賠錢有許多原因，或時機未到，或產品不到位，或資源不足……，只要其原因是可改善的，生意就有可能逆轉，就值得堅持。創業者要能冷靜的自我解析。

預做萬全準備

成功是預留給準備好的人，隨時為自己做好準備，等待機會大展身手，這是成功者的特質。

在日常的工作生活中，我們也要做好萬全準備，尤其是在重大行動中，面對特殊考驗之時。

在生活上，我希望自己是個浪漫的人，不要有太多的計畫，只求活在當下，讓人生充滿不可知的旅程。可是在工作上，我卻極端討厭意外。意外會打亂工作節奏，使工作陷入困境，所以我要求「事先預做萬全的準備」，務求意外不要發生，讓工作能照計畫進行，讓結果按期待出現。

我自認早已習於事前預做萬全準備，可是一趟新疆與西藏的越野車之旅，讓我對預做萬全準備又有了不同的理解。

十九天的新藏之旅，我們處在陌生的環境中，越野車司機是我們最重要的協力者，他們都是藏人，雖然駕駛技術極佳，但習慣、價值觀與工作態度上，與我們有相當大的落差。理論上，我可以指揮他們，但他們也經常有自己的想法，意見不同時，我只能適度妥協。

一路上，我發覺藏人司機間經常用車用對講機聊天，我忍不住要求他們不要聊天，藏人司機回答我：「難道我們不能講話嗎？」為了避免衝突擴大，我裝作沒聽見。

最大的衝突，發生在我們穿越新疆塔克拉馬干沙漠時。

那一天，我們要日行七百公里，從沙漠南邊的民豐縣，直達北邊的庫爾勒，其間有五百公里的沙漠公路。塔克拉馬干的險惡我久聞其名，事前當然要做萬全的準備，因此前一天我特別空下數小時，要求藏人司機檢修車子，並加滿油，準備第二天一早上路。

沒想到第二天，當我們即將進入沙漠公路時，藏人司機開始尋找加油站，我十分不諒解的說：「昨天不是讓你去加滿油嗎？」司機回答：「沙漠公路頭就有一個加油站，我們習慣在那裡順道加油。」

很不幸的，這個加油站竟然沒開門，我們加不到油。我們距離民豐市區加油站甚遠，而下一個加油站，在兩百多公里外的塔中，就在塔克拉馬干沙漠的中間。藏人司機告訴我，沒關係，應該可以撐到塔中，就算撐不到塔中，反正我們同行三輛車，可以從其他兩輛車借點油。

這種劇情發展，完全違背我「預做萬全準備」的原則，我雖怒不可遏，但也無奈。後來，我們順利抵達塔中加油，司機還自鳴得意，說我多慮了。

這件事讓我對「預做萬全準備」，有了更深的體會：

一、萬全準備不可有任何疏忽，還要事前確認檢查。因為司機是藏人，我只要求，沒確認，也沒檢查，準備並沒有落實。

二、萬全準備不可有任何藉口，一定要在工作啟動前完成所有準備工作，不可把準備工作留到工作啟動後，再順道完成。我們犯的錯是把加油延後到上路後順便完成。

三、萬全準備是最高原則，絕不妥協。與藏人司機溝通，我經常妥協，可是如果事涉安全所必要的萬全準備，就算產生衝突，我也不能妥協。這是「預做萬全準備」的必要態度。

許多道理，表面上我們已經理解，但在不同的情境下，還會有不同的啟發。

後記：

❶每一個人的習慣不同，藏人面對新藏公路，他們習以為常，而我則是生平第一次，因此他們對我的要求頗不以為然，我如果要堅持我的標準，事前就要跟催檢查，否則不會落實。

❷經過新藏之旅，我對冒險的容許度提高了，對高山、沙漠不再害怕，這是實際體驗的成果。

白紙黑字才算數

社會上有許多標準：道德的標準、人情的標準、法律的標準，各有不同的規則。可是在生意上，當爭議出現時，法律往往是最後依據的標準，因此，所有的承諾，只有「白紙黑字才算數」。

一年前，公司裡的一個營運團隊，與一家國際知名的公司簽訂了一個合作案，由於雙方高度互補，且談判過程中，對方誠意十足，看來是一個非常漂亮的合作，我對這個合作抱持著高度的期待。

沒想到，一年下來，實際的業績並沒有明顯成長，雖然合作本身帶來相當的邊際效益，但此項合作總是有一些遺憾。

我仔細追究原因，原來，在簽約時，合作方有一項承諾，並沒有白紙黑字寫在合約中。當時合作方認為這是執行面的事，不需要見諸文字，再加上這項承諾如見諸文字，會使合作方的內部決策過程複雜化，因此建議我方先簽合約，避開這項敏感的問題。我的同事鑑於雙方都有誠意，也就不再堅持，而簽下合約。

可是實際執行時，合作方對這項承諾卻一再推拖，遲遲無法履行，這也使這項合作的效益大打折扣。

我不忍心責怪我的同事，但我講了一個令我刻骨銘心的經驗：公司曾經簽過一紙房屋租約，由於價錢還不錯，所以我很快就決定簽約，而簽約時，也發生過類似的情況。

房東有許多附帶的承諾，由於簽約緊急，房東的承辦人員告訴我們，這些附帶承諾都是「小事」，他們一定可以做得到，但是如果要放到正式的合約中，由於房東是一家大公司，所使用的租約都是定型化的合約，租約的更動，要經過他們法務及上層主管的層層簽核。所以承辦人員建議我們先簽再說，以免拖延時日，日久生變。

當時由於房租條件確實不錯，所以我並沒有堅持，就此簽下租約。可是事後證明，所有不在正式合約中的附帶承諾，都不能兌現。房東的理由很簡單，他們一向是按照合約執行，不在合約中的承諾，都只是談判過程中的「溝通」，得便他們會配合，但如果有困難，他們也沒辦法。

這就是我對簽訂合約的慘痛教訓，從此之後，我認清了商場中的真相：一切以白紙黑字為準，只要不在合約中的口頭承諾，一概不能當真。所有的關鍵條款，只要不見諸文字，這種合約、合作，我寧可放棄，絕對不會一廂情願的以為合作方會給我們方便。

一直以來，我做生意的邏輯是：只要說過的話，我都會努力去實踐，不管是否見諸合約文字，我嚮往的是「閒話一句的承諾」，大家說到做到。所以我沒有把這個血淋淋的教訓和我的同事分享，這當然是我的錯，我沒有告訴他們商場的險惡與現實，所以他們和我一樣犯了類似的錯誤。

所幸，這項合作的策略意義已經達到——我們公司在這個產業的地位，已因這項合作而益加穩固，只是業績沒能大幅度成長，終究是項遺憾，所以我決定把這個商場上大家不願明白說出的真相，用「白紙黑字」公開。

或許對商場老手，這絕對是最基本的規則，根本不需要強調，但對信守承諾的人，要承認只有「白紙黑字才算數」，畢竟是件痛苦的事。

後記：

❶這對我又是一個痛苦的經驗，頗有不經一事，不長一智之嘆。我雖然不認同「白紙黑字才算數」，但站在公司的立場，這卻又是唯一可以信賴的依據。

❷作為公司代表，我難免涉入法律訴訟，但被動居多，很少主動興訟，這或許和個性有關吧。

❸一旦進入司法程序，有時候我個人雖想原諒對手，但基於公司利益，我也無法放手。這是另外一種誠信——對股東及公司的誠信。我不可能有私情。

穿好衣服才見客

謀定而後動，準備好才出手，這是人盡皆知的道理，但是市場上仍然看到許多不成熟的商品、不夠水準的服務，這代表每一個人對「準備好」都有不同的理解。越簡單的道理，越需要進一步學習、體會。

我投資的一家網路公司，因為手中資金有限，急著出門推廣業務，增加營收，我瞭解狀況後，建議他們別急著做生意。

理由很簡單，他們當時的流量排名在臺灣的七、八百名，雖然以一個目的型及功能性網站，這樣的排名不差，但要讓客戶下廣告，還很勉強。就算努力出門推廣業務，成果一定會很差，只會讓團隊產生更大的挫折，對營運不會有幫助。

所以，這時候還是要在內部努力改善服務，藉以增加流量，至於資金不足的問題，要另謀他法解決。

他們接受我的建議，持續在內部改善服務，一直到流量排名進入臺灣前四百名，才開始全力對外推廣業務。此舉果然順利讓客戶接受，公司營運也漸入正軌。

這就是我一生奉行的「穿好衣服才見客」原則，見客就是要衣著恰當、儀容整齊、舉止適切，否則只會讓客人見笑，讓客戶嫌棄。

做生意不是賣產品，就是賣服務，成功的原因無他，就是要讓客戶接受，其前提就是產品能滿足客戶的需要。做好產品就是穿好衣服，有了好產品才出門賣東西，就好比「穿好衣服才出門見客」。

這是極淺顯的邏輯，但我們為什麼經常沒穿好衣服，就急著出門見客呢？

有時候，我們是因為不瞭解客戶的期待與需求，以致於穿錯衣服。我們一定遇過到正式場合，卻錯穿了休閒服的經驗，我們不是不會穿衣服，而是理解錯誤。我們也常誤解客戶的需求，以致提供了錯誤的產品。更常見的是，我們錯估了客戶的水準，產品是對的，但是品質達不到要求，所以客戶不滿意，這就是典型的「衣服沒穿好就見客」的案例。

「理解客戶」是穿好衣服的第一步，但就算理解客戶，我們仍然會犯服裝不整就出門的錯，原因是我們太操切、沒耐性，也可能是因為我們資源不足、處處艱難。

操切、心急，是每個人都會犯的錯誤，這可以從性格上調整，也可以設定高標準，強行要求自己，在沒達到標準前絕不出門。可是若因處境艱難，不得已讓不合期待的產品出門，那就是災難了。

前述網路公司的案例就是如此。他們的產品對了，只是品質未到位。解決的方法是增資，並持續提升品質才出門。許多新創事業，就是失手在這個環節，他們離成功可能只有一步之遠，但因資金不足，而在成功的門口倒下，這是非常令人惋惜的事。

不過，這樣的失敗劇情還有一種可能，是他們不知道自己離成功只有一步之遙。如果知道，他們也會傾其所有，務必穿好衣服才見客。前述案例，他們真正需要的資金並不多，只是他們不確定，才會急著出門做生意。

「穿好衣服才見客」是非常簡單的道理，只是客人的需求很難捉摸，自己的資源、情境也不易掌握，而「穿好衣服」的標準更不容易確定，結果就是滿街都是衣冠不整的人了，我們都可能是其中之一。

後記：

❶我常感到世界上充滿了衣冠不整的人，除了少數特定獨行的人以外，大多數人並不覺得自己有何不妥，這只是標準的落差而已。

❷在市場上，唯一的真理是客户認同，因此是否穿好衣服，就要以客户為標準，不可自以為是。

把球還給對方

這是極實用的溝通小技巧。姑且不論溝通的兩造誰是誰非，但持球在手，卻被對方追問進度，就已經技術犯規，使己方落入不利的局面。

溝通最主要的祕訣是：把球還給對方。

一位知名的作家打電話向我抗議，抱怨我的團隊許久沒有和他聯繫，對之前所談的合作案沒有進一步的下文。我除了道歉之外，不能有任何解釋。

我詢問負責的主管，到底發生了什麼事？他告訴我，半個月前他們還見面洽談合作，當時結論是我們公司要經過仔細研究，再進一步提出完整的計畫，過程約需三個星期，之後再約見面細談。可是現在才過兩個星期，他正要打電話聯繫，約定見面時間，沒想到這位作者這麼急。我要求他立即打電話去道歉，什麼話也別說，免得惹出更大的誤會。

另一個案例更麻煩，我的同事表示要再聯絡，但事情一忙就忘了，直到幾個月後，對方正巧遇到我，狠狠抱怨了一番，讓我羞愧萬分。

為瞭解決類似的問題，我訂了一個對外聯繫、談判、溝通的原則——不得持球在手，要立即把球還給對方。

人與人溝通、聯繫，最壞的狀況就是進入失聯的不明狀況，一旦失聯，事情就不會有進展，任何可能的合作也會因而中斷。

失聯可能是因為雙方都不在意，但也可能是因為單方的疏忽而導致失聯。這時候，疏忽的一方就要為失聯負起責任，也需要向對方道歉。而持球在手，又沒有進一步追蹤的人，就是失聯的兇手。

前兩個案例，都是我的同事持球在手，而又疏於追蹤聯繫，引起對方不滿。所以在對外溝通、聯繫、談判時，持球在手是最危險的事，應該於第一時間把球還給對方，一方面表現我方的誠意，也可避免因疏忽而引發的困擾。

「把球還給對方」的溝通原則，是讓對方成為進一步聯繫的發動者，例如：「等你確定了，你再打電話給我，」還要特別強調：「我等你電話喔！」或者是：「等你做好計畫，再進一步聯繫我們。」總之，讓對方掌握主動，讓我方處於等候的被告知者。

可是常常會遇見，球明明在我方手上，我們又如何能「把球還給對方」呢？其實，預先約定下次開會、見面及聯繫的時間與方式，也可把球變相還給對方，讓自己沒有失誤或疏忽的空間。

第一個案例，我的同事與作者約定了三個星期後再聯繫，如果當時立即就約好見面時間，或者把提出計畫的時間明確化，這位知名作者就不會因性急而向我抱怨，也不致於有任何誤會。當事情變成行事曆上的約會或待辦工作項目，出差錯的機率也就變小了。

這只是人際關係中的一件小事，但可能是每個人、每間公司常見的問題。控球在手，又導致失聯，不是代表你是一個沒有效率且不精準的人，就是代表你是一個輕諾寡信、缺乏誠意的人。而這樣的公司要不是高傲自大，就是內部混亂，要和這種公司往來，可能要重新審慎思考一下。

後記：

❶朋友約會，我會要求「你來約」、「我等你消息」；談生意，我儘量要求「我等你回覆」、「我等你電話」，總之，想盡辦法把球還給對方。

❷如果球在我手，我會直接約定見面續談的時間，把自己鎖定，避免失誤。

❸球在手，就多失誤，不可不慎。

第 8 章

創業陷落

堅持——敵人也在崩潰邊緣

從二〇〇七年，我們公司併購痞客邦這個部落格平台之後，每年總要賠三、四千萬，每年年終我面對虧損，總要沉吟良久，仔細思考；明年還要繼續嗎？這真是個很難的抉擇！

到二〇一二年，我的耐性已到了極限，我告訴自己，如果今年還無法改變，明年我可能就要停損了！

可是到二〇一二年底，我再一次面對虧損時，我還是狠不下心來，結束痞客的營運，最後，我又延長了一年！

整個二〇一三年，我幾乎全年都處在崩潰邊緣，因為我知道這可能是我堅持的最後一年，如果到年底沒有起色，我們可能就要放棄了！

到二〇一三年底，我又面臨關鍵時刻的決定時，市場上傳來一個消息，痞客邦最重要的競爭對手——無名小站，無預警關門了！當我聽到這個消息時，我完全不敢相信這是真的，無名小站結束，代表痞客邦可以一統天下，成為台灣第一大部落格平台。

我徹底鬆了一口氣，放心大膽的經營下去，我同時也感謝上天，因為如果無名小站繼續堅持，下決心關門的可能就是我們，因為我們一樣也處在崩潰邊緣。

這是我親身體驗堅持的重要，也親身體驗當大家都處在崩潰邊緣時，多活一口氣，可能就是勝負的分野，在崩潰邊緣時，絕對不可以輕言放棄。

我也曾見識別人處理崩潰邊緣，命懸一線的案例：台灣的兩大報業集團中時與聯合，曾經在美國市場打了一場中文報紙的殊死戰，《美洲中時》對上《世界日報》，經過許多年的面對面競爭，兩大集團都精銳盡出，也不惜打一場資源、資金的消耗戰，雙方都虧損累累，也都面臨是否放棄的抉擇。

最後是《美洲中時》率先決定放棄，而當《美洲中時》宣布放棄時，其實《世界日報》也正面臨抉擇。先放棄的人，拯救了也處在崩潰邊緣的敵人，從此天堂地獄，人天永隔。

這兩個「敵人也處在崩潰邊緣」的例子，讓我永記於心，我知道不論我自己現在有多苦，我永遠要持續堅持下去，因為我門外的敵人可能也和我一樣，也正面臨放棄與否的抉擇，而我們只要活得比對手長一些，我們就可以上天堂，絕對不可以輕言放棄。

這種狀況適用於一對一、面對面的市場競爭，市場如果只有一家廠商，可以活得很愉快，可是如果有兩家以上的經營者，那就要歷經一場腥風血雨的慘烈競爭，看看誰要先出局，誰最後能存活。

如果競爭不能很快分出勝負，最後進入持久性的資源消耗戰，那最後比的就是誰的「氣長」，誰活得更久一些。

「氣長」有兩個關鍵：一是主事者的決心，另一是主事者的口袋。決心讓人可以堅持不退，口袋則支持了持續作戰的能力，兩者缺一不可！

雪擁藍關馬不前

韓愈詩《左遷至藍關示姪孫湘》：一封朝奏九重天，夕貶潮陽路八千。欲為聖朝除弊事，肯將衰朽惜殘年。雲橫秦嶺家何在？雪擁藍關馬不前。知汝遠來應有意，好收吾骨瘴江邊。

每讀此詩，一句「雪擁藍關馬不前」都讓我感受萬千，因為，我一生都在此句的描述中。

二〇〇八年的下半年，我開始進入高度的不安中，原因是Kindle來勢洶洶，傳統紙媒介的生意每況愈下。經過半年的準備，我們在二〇〇九年上半年全力啟動數位變革，幾乎每一個營運單位都開始測試數位產品，全公司上下又期待又怕受傷害。

一年多以後，數位新產品紛紛上線，可是市場的回應卻是相對冷漠，我們雖努力的調整，但一切進步有限，表面上大家都故作鎮定，而心中的疑慮、擔心，卻不能免，包括我自己也一樣。這種情緒我太熟悉了——目標清楚，大家都全力以赴，但成果不彰，停在原地，前途茫然。這種「雪擁藍關馬不前」的感覺，我已遇過許多次，每一次都是漫長的痛苦煎熬，雖然最後我都走過來了，可是當再一次面對「雪擁藍關馬不前」，我仍然猶豫、擔心、害怕。

第一次感受雪擁藍關，是我創辦《商業周刊》的頭八年，我覺得我已投注了所有心力，一天工作十六小時，但讀者不埋單，公司虧損累累。第二次雪擁藍關是二〇〇二年到二〇〇五年，臺灣出版產業面對困難，我們的生意雖沒變小，但面對虧損的威脅。而這一次面對數位變局，我們雖已做了許多努力，但雪擁藍關的無力與茫然，又出現了。

我雖然疑慮、害怕，可是我有走出藍關的經驗，所以還不至於喪失信心，可是同事就不一樣了，我知道他們需要我的鼓勵。我很清楚：雪擁藍關是人生會不斷面對的考驗，而走出藍關的困境，又是人生突破極限、攀登高峰的歷程。我也是因為能從《商業周刊》及出版產業的困境中走出來，而開啟了不一樣的人生旅程。

回憶前兩次的經驗，我是如何走過來的呢？「堅定信心、持續向前」是最重要的關鍵。當我們全力以赴，做了所有的努力，讓新產品上市之後，卻沒有得到相對期待的掌聲。雖然我們也努力調整，而市場仍然冷淡以對，這時候，我們就彷彿在黑暗的隧道中獨行，放棄、轉向、回頭是最常見的應變，所以堅定信心必不可缺。

走出困境的第二步是「強化工作的基本工夫」。困境代表環境不好、時候未到，所以不要急著做花俏的行銷，或急著推新產品，而應回頭強化基本工夫，從最辛苦的底層，改變組織的能力。

在二〇〇二年到二〇〇五年的出版困境中，我們花了五年的工夫，把每一個編輯的基本動作、每一個出版流程，徹底改善、強化，表面上這是不急之務，可是事後檢視，這竟然是我們突破困局的關鍵。

停滯不前的困局，雪擁藍關的困境，每一個人都會不斷遇見，而且也是跳躍成長的必經關卡，享受這種感覺，耐住性子面對，柳暗花明就在前方。

後記：

❶「藍關」是修練心性的最佳時刻，修練耐性，修練堅持，修練誠信，修練不背離正道。

❷我不斷遇「藍關」，多數是自找的，如果我尋求安穩過一生，可能不會這麼痛苦，但一生也就無趣了。

面對絕路才能重生

這世界最不缺的人，就是抱怨的人，也最不缺有志難伸的人。這些人都覺得世界對不起他們，他們有空抱怨、有空哀怨，或許都是因為他們還沒面對絕路，看看這一則故事吧！

或許裸裎相見時，心靈最容易敞開，最容易聽到知心話，也最容易交到朋友。

在俱樂部洗三溫暖，總會遇到各行各業的朋友，也因而聽到一個極為勵志的故事。故事的主角是一位清潔公司的老闆，手上有幾百個員工，生意做得很好。按照他的說法，這可是現在臺灣最熱門的服務業，創造了非常多的就業機會，而且幾乎人人可做，只要你願意付出勞力即可。

這是一個我過去從未接觸過的行業，對他為什麼會投入清潔行業極為好奇，沒想到從他身上，我聽到一個人生從谷底逆轉的劇情。

這位朋友是空軍官校正期班出身，原來一心想報效國家，沒想到身體的一個小毛病，讓他無法一圓飛官的夢，因此三十九歲就從軍旅退役。他手上拿著服役期間存的一些錢，開始闖蕩商場，剛開始正好遇上房地產好景，做什麼賺什麼，讓他著實意氣風發了好一段時間。

就在他躊躇滿志的時候，房地產景氣逆轉，他的生意也降到谷底，他剛啟動的一個生意血本無歸，不但賠光了過去所賺的錢，還負債兩千萬元，他的人生從此進入黑暗期。

因為當過軍人，「責任、榮譽」是他最珍惜的特質，他決定面對債權人，希望大家給他一些時間，他會努力打工還債，有朝一日他一定會給大家一個交代。

就這樣，在走頭無路之際，他到一家清潔公司應徵清潔工，他被派遣在一家日商公司負責清潔工作。他回想起之前的風光，也曾身為一個老闆，而現在竟然在辦公室裡當清潔工，這對他無疑是極大的折磨，但是他選擇面對，努力工作。

他的認真負責，很快引起了日商公司老闆的注意，之後在日商與清潔公司合約到期後，日商的老闆就鼓勵他來承包。有了貴人的鼓勵，他就組個小公司開始了自己的清潔事業，但其實還是以他自己做為主，人力不足時，老婆、小孩全部加入，再不足，才雇請一些人幫忙。

他沒日沒夜的工作幾年後，生意越做越大，不到十年內，他不只還清了債務，也成為清潔行業中極為專業的公司。

我仔細的描述這個故事，目的在回答一個年輕人的問題，這位年輕人問我，他已經二十好幾，但一事無成，只能在加油站打工。他沒有朋友，沒有未來，要怎麼做才能擺脫一窮二白的困境，找到自己的生路呢？

這個問題，我無法回答。但是這位年輕人的困境，有這個清潔公司老闆生意失敗時慘嗎？當然沒有，至少年輕人身上沒有兩千萬的負債。

可是，負債兩千萬的人願意奮起與環境搏鬥，願意用十年孜孜矻矻的努力，改變一切。而這位年輕人只能困在加油站，打零工，然後抱怨社會不公平，對未來沒指望，或許這位年輕人，還沒被生活逼到絕路吧！

人無法立即賺到錢，但只要願意努力做一件事，學一件事，加上時間的磨練，一定可以編織出另一個勵志故事。或許人要面對絕路，才能重生吧！

後記：

❶絕路重生絕不是編出來的勵志故事，只要稍微留意，社會上充斥著這種故事，只是我們不相信而已。

❷沒遇到絕路，我們的心性就沒遇到真正的考驗，我們的一生也就平淡無奇。

不到黃河心不死——創業者不可錯失急救機會

在困難中，機會之門一閃即逝，創業者要有足夠的智慧做出選擇，就算放手丟掉經營權，可能也是對公司負責任的選擇。

一個上櫃電子公司老闆，約我私下吃飯。他的公司正徘徊在倒閉邊緣，想聽聽看我當年長期瀕臨倒閉奮鬥的經驗。

我知無不言，不知是否有所幫助，但從他的口中，我聽到一個老闆常見的致命錯誤：不到黃河心不死，錯過了改革公司的關鍵時刻，也錯過了公司起死回生的機會。

約在八個月前，這家公司的上游原料供應商，想向下整合，提出了增資入股計畫，但因為條件並不好，所以這個老闆拒絕了。他談起這一段過去，再對照公司現在所面臨的困境，他相當懊悔。他自承，因為公司是他一手創辦，對公司有深厚的感情，他不甘在增資之後淪為小股東，所以不願放手。

我問他，當時他難道不知道下半年可能遭遇的危機嗎？他說：「知道。」那他有把握處理嗎？他說：「沒把握。」既知危機，又沒把握處理，那為何要拒絕現在看起來不錯的購併建議？

他回答：「因為危機還沒真正發生，我覺得還有時間等待！」

好一個「還有時間等待」，好一個「危機還沒真正發生」，這就是企業經營者錯失關鍵時刻的「不到黃河心不死」心態，不知葬送了公司多少的救援機會。

危中逆轉的機會稍縱即逝

最近半年來，類似的故事太多了，楊致遠的雅虎（Yahoo!），投資銀行業的雷曼兄弟，不都是如此嗎？在還有機會處理時，他們猶疑、他們拖延，一直到錯過時間，公司深陷更大的危機，而老闆個人更是最大的輸家。

在我工作的小行業：媒體、雜誌、出版，這樣的情境更普遍，因為我的行業，在營利事業之外，還頂了一個文化責任與理想的光環。當公司陷入困境時，還有能力自救，還有機會斷尾求生時，老闆通常會在「責任」與「理想」的前提下，不願斷然處理，因為對不起讀者、對不起股東，更對不起創業的初衷。而最後的結果卻是更大的悲劇，變成完全不負責任的倒閉鬧劇。

問題是聰明的大老闆們為什麼會犯「不到黃河心不死」的致命錯誤呢？

第一個理由是太在意：這是「我」一生的心血、一手創辦的事業，我怎能下重手整理，斷尾求生或拱手讓人呢？

第二個理由是太貪心：對已發生困難的事業，有過高的期待，希望有更高的出價、更好的條件，貪婪會讓人錯估形勢。

第三個理由是太憂柔寡斷：險中求勝、危中逆轉的機會往往稍縱即逝。每個人碰到這種關鍵時刻，憂柔寡斷在所難免，可是也往往錯失良機。

第四個理由是太不信邪：英明的老闆多數有過人的性格，僵硬不認輸、不信邪，也會「不到黃河心不死」。

我實在不願用下聯來形容企業錯失改革、變身的機會，但是「不見棺材不掉淚」確實是最好的形容，在全世界愁雲慘霧的時候，如果你的公司徘徊在存活邊緣，仔細想想這些案例吧！

後記：

❶本書出版前，雅虎的創辦人楊致遠已經下台，我不敢說楊致遠犯下錯誤，但他的選擇，也是不爭的事實。

❷創業者很容易因為投入太深，以身相許，以至於以身相殉，但如果公司仍有挽救的機會，就要以自己出局為代價，有時候創業者應該要有「無我」的精神。

❸許文龍說奇美光電可以與其他公司合併，只要能繼續經營，老闆不一定要是我，胸襟令人動容。

山窮水盡才悔悟——創業者不可執迷不悟

創業失敗最大的問題核心可能就是創業者本身，這是大家都知道的真理，只有創業者自己不知道，所以執迷不悟的悲劇不斷發生……。

調整經營困難的產品線或組織，是最困難的工作之一。困難的原因不在於方法、不在於工作，而在於如何不傷害原來的主管，在於如何讓這些主管認同新的營運方向，願意心悅誠服的配合公司的調整。

公司有一個有問題的營運單位，我前後花了三年調整，最後成功的讓這個單位放棄原有的經營模式，轉成以公關、活動為主的非實體出版經營方式。我的困難在於這個主管仍有改造空間，我不願意用簡單的資遣方法讓其離職，如果能將他改造成功，我又替公司留下了一個好的營運人才。

只不過值得珍惜的人才，都有脾性。這位主管堅信他原來的營運方法可行，只不過外部環境不成熟，如果我們夠有耐性、時機到了，原來的營運方法終會成功。

我明知原方法不可行，但我愛惜他，不願粗魯的拔掉他的指揮權，廢棄他的營運模式。第一年用分析與暗示，建議他改弦更張；第二年告訴他，我們手上籌碼不多，無法再承受太多的虧損，並明示我們可能只剩一、兩年的時間來調整；第三年我則坦白說明這是最後一年，再不行，我們只有放棄。第三年底情況仍未改善，我向這個主管抱歉，希望他揚棄過去，接受新的經營模式。

這個主管勉為其難的留下來，並用新的方法繼續經營，不到半年，已見曙光，顯示新方法是對的。我得到一個好的工作夥伴一起打拚，代價則是三年的時間與金額不小的虧損。

放棄一廂情願的堅持

我不禁自問：幡然悔悟有這麼困難嗎？

答案是肯定的，任何人要放棄原有的想法、做法，幾乎不可能。在手上還有資源、還有籌碼時，通常會執意走下去，一直到彈盡援絕、山窮水盡之時才能悔悟。

前面這位主管如此，我其他共事過的主管也是如此。我回想我自己，也是如此。

當年創辦《商業周刊》時，沒到山窮水盡，我不認為自己有錯，我不肯改變方法。有了《商業周刊》的經驗，對自己可能犯的錯誤，有了比較清楚的認知，自我調整的速度稍快一些。後來我關掉一些公司，雖沒有到山窮水盡的地步，仍然會猶豫不決，一段時間，我知道自己可能是錯的，但「不到黃河心不死，不見棺材不掉淚」，要痛悟前非，要自我調整、改變，仍極為困難。

這是一個人在逆境中，如何檢視自己的作為，重新找到方向、重新調整步伐的困難。你不太確定自己現在做的是對還是錯。你害怕在黎明即將到來時，你卻轉向放棄。你更害怕堅持，得到的不是守得雲開見月明，而是無顏見江東父老！在不確定中，大家多數選擇一動不如一靜，這也是許多明顯的錯誤，卻要等到山窮水盡、彈盡援絕才能悔悟，自刎烏江的結局不斷重演的原因。

放棄一廂情願的堅持，冷靜看自己的作為，知道自己極可能是「執著的笨蛋」，可能是不需要山窮水盡就能悔悟的方法。

後記：

❶面對錯誤、承認錯誤，立即改正，揚棄現有的做法，這是說來容易的真理，只是許多人不肯改變。

❷創業者要不斷的更新作為，改變方法，一直到試出有效的方法為止，「不變」一定是錯的。

七〇號登機門

人都有一生無法忘懷的一瞬，香港機場七〇號登機門就是我刻骨銘心的場景。這也是磨練我一生心性最重要的一課。

我永遠忘不了香港赤鱲角機場的七〇號登機門。

那是我在中國做生意最低潮、最痛苦的時候，眼看幾千萬人民幣就要打水漂，而我仍然沒能找到讓自己相信的解套方法。

就在這個時候，我再一次從臺灣轉機進中國，我發覺我的登記證顯示的是七〇號登機門，我對赤鱲角機場瞭如指掌，但我從沒到過七〇號登機門。

我坐上機場的電車，離開主航站，下了電車，拖著行李，循著標示往七〇號登機門走，那彷彿是一條永遠走不到盡頭的路，越走心越往下沉！這就好像我當時在中國遇到的情況，不管我多努力，不管我做什麼事，不管我不斷的丟錢，總是填不滿中國事業的資金缺口，我不斷的越陷越深。

就在我心情降到谷底的時候，七〇號登機門終於到了，我赫然發覺七〇號登機門是香港機場最遠的一個登機門，而登機門後的停機坪遠方，就是茫茫的大海。

我坐在候機室，望著窗外，望著海，我不禁想問問老天爺，這有什麼暗示嗎？莫非這一切不可能改變？還是要讓我跳海謝罪嗎？以我無可救藥的樂觀天性，這個念頭一閃即逝，反而變成自我解嘲的玩笑。

我繼續看著大海，開始尋求其他的自我啟示，看看我還能有什麼想法。

我回憶過去這些年來進出中國的過程。我曾經滿懷信心而來，但市場的現實讓我兵困中國，泥足深陷，煎熬已磨去了我的自大與驕傲，我開始徹底檢視我在中國犯了什麼錯。

我犯的錯真是罄竹難書：想用臺灣「先進」的經驗經營中國；以為可以用快速的方法，在中國產生速效；以為可以不用派人長駐中國，可以用不定期的檢視和管理就把生意做好……。

不必再往下細想，當我沒有準備好，包括我自己、我的公司及我的團隊，都沒有準備好時，我確定過去我在中國做的事是錯的。因為是錯的，所以不論我怎麼努力，也無法把錯事做對。

想到這裡，我知道老天爺讓我走七〇號登機門的啟示是什麼了。祂要告訴我，盡頭是海，而不是陽光大道，我需要下一個改弦更張的決定，用同樣的方法繼續做，不會有結果。

我決定，不論已經投了多少錢，不論已經做了多少努力，我讓原有的生意「冬眠」，讓一切留在原地，一息尚存，等待未來，我準備好了再說。

冬眠法是我在中國學到的方法，狀況不佳時，先用最低的成本「苟活」，等待時機對了，再重新「激活」，中國永遠是山不轉路轉。

我默默的告訴自己，當我決定重回中國時，我會去看看七〇號登機門，而在兩岸直航後，我少有機會在香港轉機，就用這篇文章做個見證。

後記：

❶中國是離世界最近也最大的舞台，不去中國是我一生的遺憾，但去中國又凶險萬狀，我幾度在鬼門關中進出，這就是人生。

❷一生就要快意走一回，選擇平穩的人，永遠無法體會這種感覺。

第 9 章

創業誤區

創業過程中充滿了各式各樣的陷阱，創業者一不小心就會闖入誤區，導致創業失敗。這一章搜集了一些常見的錯誤，提醒創業者自我檢討。

這些錯誤，全部集中在創業者本身，從自我檢視開始，大多數創業者看不到自己的錯誤，創業者也很容易捲入政治（鈔票的顏色），創業者也難免投機取巧（抄捷徑）、搞關係。而當創業遭遇困難時，創業者也因拖延、固執，而錯失搶救時機。

如果創業順利，創業者一旦功成名就，也很容易忘了我是誰，因為自滿、自大而自誤（花未全開月未圓、敬天謹事畏人）。

我無法窮盡所有的誤區，但以小見大，期待創業者自行舉一反三。

抄捷徑、走近路、發橫財——創業者不可心存投機，賺快錢

二〇〇八年世界大崩解，金融海嘯橫空而起，立即可見的原因就是金融界投機，購併賺快錢，金融遊戲取代了實體的生意，變成大家的焦點，現在每一個人都共嘗苦果！

一個知名集團企業的一位總經理私下聊天，談即該集團的大老闆因為有過一次網路新事業的投資經驗，在不到三年中，獲得超過二十倍的投資回報，從此這位老闆的價值觀改變了。心中想的、嘴上說的都是一夕快速回收，讓他們這些經營傳統企業的總經理們痛苦不堪，因為他們賺的都是「保久、保本」的薄利，在老闆眼中似乎都成為沒有能力的庸才。

這種經驗我也曾經有過，上個世紀九五年到九八年，那個網路事業興盛的時代，我所創辦的電腦家庭網路集團正好趕上了浪潮，公司未上市交易價格曾經超過三百元，剛開始我不敢相信這是真的，一切就如在夢中，一直到有一次用高價賣掉一些原

始股票，拿到現金之後，我知道這是真的，但我的價值觀也因而改變了，在當時我心中想的也都是一夕致富發横財。

老闆投機使團隊也走向投機

我開始不太有耐心的經營原有的事業，這些傳統行業在我努力經營下，一年所得到的營業報酬率也不過是百分之十左右，怎能與網路事業的點石成金相比呢？

跟那位集團企業大老闆一樣，我眼中看的、嘴上說的、心中想的全是快速致富發横財，而這種心態也影響了我原有的出版事業的經營。我急切的希望我的出版事業能轉化為數位內容產業，再尋找點石成金的新網路經營模式，我變成「抄捷徑、走近路、發横財」的投機客，完全忘了回歸基本面、默默耕耘的創業初衷。

一直到一位核心團隊成員質問我：是不是要放棄出版事業？如果我對出版事業的初衷不再，他們會選擇離開，無需相互牽絆，糾纏不清！

我猛然驚醒，我的初衷未變，只不過網路事業一夕成金的經驗讓我心思複雜，定不下心來做辛苦的事，也影響到所有兢兢業業的團隊，他們老是被以「雞蛋水餃股」

看待，前途暗淡，抬不起頭來。

我知道如果老闆觀念不正確，對團隊絕對是災難；我知道如果老闆老是想抄近路、走捷徑，團隊會逼使所有有想法、有原則的工作者離開，導致全員投機化；我更知道如果老闆老是想發橫財，這個公司不但發不了橫財，連原本應有的穩定獲利也會保不住；最後，我確定，當老闆心中想的是橫財，那正派經營就不存在，老闆也會變成一身銅臭、面目可憎、眾叛親離的獨夫。

每一個企業經營者都可以有高度的企圖心，也有獲利極大化的傾向，但這些都是在正常、合理的營運狀況下，提升獲利、控制成本的合理期待，就算老闆要求團隊要在「沙中擠出油來」，都有其「化不可能為可能」的合理性。但這絕對與「走捷徑、發橫財」不同，因為走捷徑可能隱含了不合理、不合法的天方夜譚成分，而發橫財更是不切實、不務本的投機心態。

老闆可以有使命必達、完成不可能任務的決心，但絕不可以有抄捷徑、走近路、發橫財的投機心理。

後記：

❶《財星》（*Fortune*）雜誌的一期封面：「把華爾街送進監牢」相信一定大快人心，只不過我們每一個人身上是不是也有華爾街投機的因子？

❷君子務本，本立而道生，夜路走多了，「出來混的，遲早是要還的」，如果創業者走了捷徑，想想你什麼時候還吧！

徒有關係也枉然——創業者關係可用，但不可依賴

「做生意靠關係」？有道理也沒道理，有時合用，有時無用。創業憑本事，不憑關係，心中不可以太重視關係，更應回歸基本，把核心能力做好。

念書的時候，當所有的同學都還在學習探索人生，班上有一位同學就已經洞悉世情，非常理解人情世故，分析起事情來頭頭是道，經常在同學討論話題時，只要這位同學開口，往往都是一針見血，道出背後的真相，他的說法常常變成大家最後的結論。他的聰明、他的智慧、他的成熟，讓我欽佩不已，也是所有同學眼中的聰明人。我私下覺得他應該是同學中未來最有可觀的人。

不過也因為他的洞悉世情，十分理解成人社會的一切，他有一個觀念是當時我不能完全理解的。他認為社會中的一切都是利益交換，所有的事物都講究關係，人活在世間也都靠關係。在念書時候，他就會帶著同學到知名教授家中走動，他告訴我們，

與老師關係好，未來有機會得到老師的幫助，因此有些「禮數」是必要的，他會主動帶著小禮品，作為給老師的禮物。

當時我想，他實在太周到了，他想得很遠，也想得很透。

畢業後，他也一直用這樣的態度工作，他也做了許多事，一下聽說他又搭上某富豪的關係，一下又是某名人，應酬、喝酒、公關是他的強項，他逐關係而工作，工作內容的變化極大，因為做什麼不重要，有關係就好做事。他也曾有一段不錯的時光，不過總停在小有成就的階段，一直沒有太特殊的成果，這與我當年對他的預測頗有落差。反而一些其他當時不特殊的同學，畢業後只努力做一件事，最後也在那行業中得到大成果。

一次同學聚會，酒過三巡之後，他自承：洞悉世情、相信關係，一輩子追逐關係，限制了他的成就。

態度決定一生的命運

我當年的疑惑終於真相大白，從刻意和老師做關係，這樣的態度決定了他一生的命運。

這位同學有才氣、聰明、早熟，待人處世中規中矩，但他眼中認為：關係是一切事情成功的關鍵，因此他努力交朋友，援引關係，努力認識人，尋找關係，也努力營造各種往來的機會，與有權、有資源的人搭上關係，這些他都做得很好。只不過他缺乏一種本業、一種特殊的核心能力，因此就算靠關係取得的機會，他也未必能做得好。或者應該說，他認為只要做得一般就可以，因為明天這個關係未必存在，沒有關係，他就未必能再做一樣的事。

逐關係而活，任何事差不多就可以了，這是他一生的態度。

這個故事印證了我相信的事：**「態度決定一生的命運」，內心的思維、內心的價值、內心的想法，決定了每一個人的態度，態度則決定了每一個人的工作方法、工作範圍、工作過程及工作結果。**

相信努力做事、相信專業能力會得到認同，那一輩子就努力學習專業，這是一條路。而關係只是外部變數，只是因緣際會的運氣變數，可以期待，但不是唯一可以相信的事，不值得我們花一輩子的精神去追逐。

後記：

❶社交型人才（social guy）是商場常見的類型，但這種人只會有小成就，不曾看過成就大事業的。

❷靠關係的生意做不大，而且會一夕覆亡。

❸「有關係就沒關係，沒關係就有關係。」這句話只能聽聽，不可相信。

眼望星空，腳踏實地

成功的人有兩種特質，一是務實，一是有夢。他們能腳踏實地，並眼望星空築夢，然後在兩者之間搭起天梯，連結兩端……。

一個企圖心極強的年輕人，在努力了很多年後，終於向我坦承，他願意設定一個較務實的目標，一步步的向前實踐，他要把一切遠大的理想拋在腦後，不讓那些理想再折磨自己。

這個年輕人，我看著他創業十餘年，成果雖然沒能大放異彩，但也算差強人意，有個穩定的格局。只不過他野心極大，一直設定很高的目標，期待自己的公司與世界級的公司看齊，要有一番驚天動地的作為。所以這些年來，總覺得自己一事無成，常常自我為難、痛苦煎熬。

我不只一次的提醒他：目標遠大是好事，但如果大到不可行、不切實際，就是災難，不但會讓自己信心挫折，更會使團隊無所適從。我總是試圖把他的理想，轉回可行的計畫，但是成果有限，他老是為摘不著的月亮自我折磨。

這一次聽到他這麼說，我當然非常高興，他終能自己走出死胡同，對他自己、對公司都應該是好事，或許他的人生從此會走向正軌。

不過敏感的我，卻也感受到不好的徵兆，因為他眼中的亮光不見了。他說話的口語帶著放棄的無奈，而不是徹悟之後的豁然開朗，更不是找到答案後的滿心喜悅。

我知道過與不及都不是好事，如果他從現在開始，滿足於現有的成就，那這樣一個好人才，就浪費了。

我鼓勵他，設定合理的目標是對的，但不可因此而灰心喪志，心中還是要有遠大的理想。每一個階段目標的達成，都代表離遠大目標更進一步，這才是創業家正確的態度。

「眼望星空，腳踏實地」，是創業家的願景與實踐，也是人生最正確的描述。

眼望星空，讓我們知道世界有多大、目標有多遠、格局有無限可能。不論現在我在哪裡，我們都知道要往哪裡去，知道目標在哪裡，未來對我們而言，是無限可能。

眼望星空，也讓我們能校準眼前的路徑，是否偏離了遠大理想。眼望星空，也讓現在渺小卑微的自我，能在心靈中得到慰藉，繼續拔劍奮起。

腳踏實地則是眼望星空後的具體實踐版本。星空不可及，應轉換成階段性可完成的目標，然後耐心的、務實的，一步步去完成。

大多數人安於腳踏實地，做好眼前的事，然後隨著情境推移，展開人生的旅程。腳踏實地，源於足下，指向遙遠的千里之行，有的是一步步的足跡，有的是一寸寸的向前挪移，從累積中會看到改變，從改變中會看到成長。

雄才大略者，仰望星空，氣派恢宏，但仍須回到腳踏實地的足下實踐。凡夫俗子則順從現況，缺乏願景。一定要同時眼望星空，但也要安於腳踏實地，才能成就一番事業。

後記：

❶這位年輕人開始時野心太大，雖已有小成就，但仍痛苦不堪，最後只能放棄，卻又喪失築夢的動力。

❷夢想太大，尚且能作為願景。願景要用一輩子去追求，通常不會完成，即使完成不了，也不會造成打擊。

魔鬼在哪裡？

世事禍福相倚，好壞參半，遇有好事雖足喜，但也堪憂。多次的經驗，讓我對好事不敢掉以輕心，不時要問「魔鬼在哪裡？」

一趟海外之行，從東京、北京，再到上海，轉回台北，所有的事都如此美好。過去這兩、三年來我所做的布局，在這次的行程中，都得到正面的回應，一切都按照我原先的規畫，逐步實施中。

照理說，我應該很高興才是，可是在虹橋飛松山的旅程中，我反而沒有一絲興奮，有的只是擔心，一個念頭一直在我心中徘徊：到底魔鬼在哪裡？

「魔鬼在哪裡？」是我這幾年來最常縈繞心中的思考。每當做成一件事，我就會想：怎麼可能這麼順利？一定有魔鬼藏在哪裡，只是我還沒有發覺。如果有幾件事都做得不錯，我更會懷疑：老天不可能如此厚愛我，我又何德何能承受這麼多好事？我可能好運走完了，接著一定有壞事要發生！我會更小心謹慎的盤點每一件小事，嘗試把魔鬼找出來，不讓我的得意與放鬆，讓魔鬼在我不小心時，給我最大的反擊，成為不可測的災難。

「魔鬼在哪裡？」的思考，通常會有幾種結論，而最常見的結論是：我太得意忘形了，從內心到行為、語言，因為順利而自我放肆，甚至萌生驕態，以致於出現膽大妄為的作為。所以魔鬼就是我自己，就在我心中。

這是人之常情，有好事當然該高興，難免得意。而得意之後，自然會高估自己的能力、高估組織的戰力，更加放手施為、更加乘勝追擊，企求更大的成果，而種下了失手的災難。

過去我在順境時，總會因而犯一些錯，這些錯，輕微的讓我付出一些代價，減損我之前成功的利益；嚴重的讓我打回原形，一切都白忙一場。

這些經驗其實是引發我「魔鬼在哪裡？」思考的最大原因。而每次我思考過「魔鬼在哪裡？」之後，順境的喜悅蕩然無存，雖然做不到「成功一日就忘」，可是我會徹底收斂我的言行，不要忘了我是誰，而惹人討厭、惹天忌妒。

「魔鬼在哪裡？」第二種可能的結論是：我會縮小工作範圍，不在順境之後啟動新的擴張行為，因為魔鬼就藏在新啟動的事情中。

一般而言，我對新生事物十分小心，務求謹慎評估。但在順境中，我會不自覺的「自我感覺良好」，看所有的事情都是陽光正面，對問題、對困難、對風險的判斷都相對樂觀，這其中自然隱藏著魔鬼，也伴隨著災難。

因此，不論是否真的找到魔鬼，我都會設法讓自己冷靜一段時間，讓興奮、得意的情緒退卻，我才會再思考下一步。

當然，許多時候，我也會在「魔鬼在哪裡？」的思考之後，真正找到隱藏在暗處的問題，讓我接下來的工作能夠逢凶化吉。

「魔鬼在哪裡？」或許是一種偏執，但對我而言卻受用無窮，因為我一向膽大妄為，行事決斷快速，「魔鬼在哪裡？」讓我在順境中退一步，少一分得意、多一分持盈保泰。

後記：

❶遇有好事，就問「魔鬼在哪裡？」，或許有人會認為此舉偏執而做作，但日子久了，也就變成習慣。時時自我警惕，放蕩之心因而減輕，多了戒慎恐懼，也是好事。

❷有時候，還會真的找到魔鬼。以北京、東京、南京之行為例，我找到其中一項合作隱藏了風險，因此不得不暫停合作，讓我減少了不必要的困擾。

❸小心駛得萬年船，「魔鬼在哪裡？」是最好的自我警惕。

花未全開月未圓
——創業者的戒慎恐懼

創業有成是喜事，但如果忘其所以，很容易打回原形，最好的心情是常保「花未全開月未圓」的求缺之心。

作為一個出版人，深知要寫一本暢銷書有多難，要成為暢銷書作者更是許多人一生想望而不可得。因此當我生平的第一本書出版前，我許了一個願望：如果有幸成為暢銷書作者，我要請相關的出版工作團隊吃飯，以答謝他們的幫助。

沒想到這個願望，在書上市三個月後就達成。所有的同事都催著我要請吃飯，我一方面欣然答應，但卻壓抑不住內心的不安。

過去每當有好事、好運出現時，我都會有莫名的不安，「福兮禍所伏」是我深信不疑的，因此，好事過完壞事來，我不斷的給自己心理建設，如果有壞事，那是理所當然的，我只希望壞事不要太壞，不要讓自己不知所措。

但這一次的不安，尤切尤深，原因很簡單，因為這是我心中想望已久的大成就，文人嫣名，我非文人，但卻是標準的寫作匠，要寫任何文章不難，長期的記者訓練，更讓我不愛惜自己的文字，任何報導，頃刻而就。不過都是不值一提的時效性文字，過完今天、過完這一期，這些文字很可能與燒餅、油條為伍，「作家」是我不敢想的頭銜，暢銷書作家更是高高在上、遙不可及的事。

天理循環，好壞輪替

那是一種達成願望的失落感，更是大喜之後猶疑戒慎的危機感。面對夕陽，過去我只感受它的絢爛美麗，但現在，我卻充分體會「夕陽無限好，只是近黃昏」的愁悵，就想讓時間停在這一刻。我懷疑轉過身來，壞運迎面而來。

宋朝書法家蔡襄有一句名句：「花未全開月未圓」，我發覺這是人生最好的時刻，花未全開，但美麗已藏不住；月未全圓，但光澤普照。我們享受這種美感，但又期待下一刻的全開、全圓，那是理想的終極境界。

我最難忘的是當時書尚未出版的日子，心中有想望、有期待、有感覺，那是攀登高峰前的喜悅，就好像小時候，第二天要遠足，前一夜在微笑中沉沉睡去的滿足。

只不過「花未全開月未圓」時，我只急切的等候下一刻的到來，而願望完成之後，卻是失落與戒慎。因為天理循環，好壞輪替，每一個過程都只能小心謹慎。

經過這一次，我不只體會「花未全開月未圓」的不圓滿之美，不完全的期待的想像，是人生最好的境界。我也體會到人在最壞的時刻，還能保持希望與樂觀的道理。

在好運、大喜之後，如果人能夠戒慎，恐壞事、大悲之將至，那在壞運連連之時，我們也有理由不喪失希望，因為壞事越多，好事也就不遠了，這正是天道循環的道理。

後記：

❶我的害怕有理，在《自慢：社長的成長學習筆記》暢銷之後，我的母親離我而去，大悲驟至，無以自處。

❷創業者的戒慎之心，是常保順境的泉源。

敬天、謹事、畏人——創業成功之後，如何持盈保泰

創業者在成功之後，難免自以為是，天不怕、地不怕，可能是成功商人的通病，台塑王家能成就大事業，王永在的風範值得學習。

有些事情你一輩子也忘不了，尤其這件事如果你還有過錯、有遺憾，那就更會令你永遠不安。

剛剛創辦《商業周刊》不久，當時台塑的總經理王永在體諒年輕人創業不易，安排了一頓飯局，給我們打氣。不巧我和我的創業夥伴都有要事分不開身，事先協調我們兩位必須要有一位出席，但陰錯陽差，我們都以為對方會到，結果我們兩位主客竟然都缺席。

我在外面臨時接到通知，王總枯坐在現場，主客不在，十分尷尬。我不得不儘速趕到，但也已遲到了近兩個小時，我一再抱歉，也於事無補。

令我驚訝的是，對這麼不禮貌的行為，王永在竟然談笑風生，毫無慍色，宛如什

麼事也沒發生一般。

這件事我記住一輩子，不只是記住我的抱歉，更記得王永在的風範。王永在永遠謙沖為懷、平易近人，對任何事都謹慎從事，絕不會有令人不愉快的行為，身為台灣最大的石化王國創辦人，從他身上我看見了「敬天、謹事、畏人」的人生哲學。

企業界最讓人詬病的就是創業時謙虛，順境時自滿，成功時自大，飛黃騰達時胡作非為，做出許多天怒人怨的事，而其挫敗也就在不遠矣！

自滿、自大、胡作非為是企業家內心潛在的犯錯因子。每一個成功的經營者都有這個因子，只是有人控制得宜，沒有釀成巨禍，有人恣意任其橫行，終成災難。

自滿、自大、胡作非為，會用各種形式呈現：經濟罪犯王又曾隨陳水扁出訪時，撒美金讓外國貧困兒童爭搶，以為樂事，是無知的自滿自大；而他從亞太電信搬走數百億資金，則是胡作非為，這些都是「上帝要毀滅一個人前，必先使他瘋狂的舉動」。

王又曾已成罪犯，所以他的自大、自滿、胡作非為我們可以看得見。但看不見的是現在光環罩頂，事業鼎盛的企業家，他們身邊也隨時有自大、自滿的行為，但旁人都懾其鋒芒，不敢評斷，若有胡作非為的行為，也都被各種手段掩蓋下來。表面上成功的企業家都英明神武，但因成功而喪失謙虛、謹慎，不時自大、自滿，正在侵蝕企業家成功的基石，一直到王國傾頹，才真相大白。

在成功時，「敬天、謹事、畏人」是避免自大、自滿，永遠持盈保泰的關鍵。敬天是態度：擁有再大的財富，也敵不過歲月、環境、政府，這些都要心存敬畏、小心應對；處理生意，謹慎從事，不放過小事，這是謹事；畏人則是尊敬、謙沖、不得罪任何人，有理時雍容大度，與人為善，無理時自我檢討，及時抱歉，寧多交一個朋友，不樹立一個敵人，終將得道多助。

成功是長期的修為，得來不易。壓抑內心的驕氣，成功的人要「敬天、謹事、畏人」才能持盈保泰！

後記：

❶有人花十年創業成功，卻用兩年把事業玩完，自大是凶手。

❷在一個行業成功，有了錢之後，大手筆擴張，以為自己是天才，商場太多這種劇情。

❸成功要想持盈保泰，謙虛、害怕是良方。

當斷不斷，反受其亂

人難免會犯錯，犯錯就要認錯。只不過人都難免猶疑不決，尤其對已經投入很深的事情，很難決絕了斷，因而延伸更大的損失，「當斷不斷，反受其亂」就是最好的自我反省。

一個中國的專案，歷經長期的虧損，我不得不暫時停損，等待有機會再行啟動。但公司仍在，必要的工作人員也在，雖然只維持了最低的開銷，可是預算報表上這個單位仍然存在，每半年財務部門總要詢問一次，「這單位還要繼續存在嗎？」

一個和我工作十餘年的老員工，因為年資，不知不覺就升到部門主管的職位，但他是一個無效率且目標不明的「好人」，他的部門經常入不敷出，事情很多、很忙，但成果不佳，不得已只好把這位老員工調成閒差，由其他年輕同事當主管，反而成效不錯。

我知道讓這位老員工優退是最佳的解決方案，問題是，想到他的年資，想到這許多年的相處，我始終下不了決定。

財務人員問我，這個中國公司未來可能還有發展嗎？我答不出來，但總覺得一旦清算，這些年在中國的布局就徹底失敗，雖然留著也未必有想像，但總是一線指望，至少我不需要現在立即承認失敗，等以後再說吧。

對這位資深的老員工，我也有類似的逃避心態，保持現狀、等待改變。問題是，他自己無力自我調整，組織也無法協助他改變，他變成組織中的盲點，大家都看在眼裡，大家都在等我的決定。

我被迫不得不出手，下決心了斷一切。

「當斷不斷，反受其亂」這句話早就深銘我心，只是當我自己深陷其中時，難免「事不關己，關己則亂」。在心慌混亂中，我就做不出簡單明確的決定，讓問題懸而未決，每隔一段時間，就要重新困擾我一下。

每個人都會遭遇複雜難解的人、事、物，該進、該忍、該退、該斷，這是最艱難的抉擇，有時候堅持與忍耐，可能等到柳暗花明，可是也可能當斷不斷，反受其亂，越陷越深，萬劫不復。其間該如何抉擇呢？

遇到艱難的情境，每個人都可能優柔寡斷。前述中國的專案，理性早就告訴我不必期待，但感性讓我猶豫，我總希望時間會改變環境，也希望有一天我能有更充裕的力量重回中國。

同樣的，我也知道不能期待這位資深員工，但感性讓我不忍，以致日復一日，年復一年。

在困難中，不能有浪漫的幻想，不能有感性的溫情。要在僅有的時間中，明確果斷的抉擇，否則永受其亂。

後記：

❶人是感性的動物，雖知應理性，但有時也無法自制，要放棄其實不容易。

❷如果已深陷絕境，不得不斷尾求生，這種決定並不難。只不過如果尚未至絕境，繼續堅持可能還有機會，此時要了斷，就難以取捨。這時候就要有更嚴謹的分析，也要有更大的智慧了。

率直輕諾，燒香引鬼

表裡如一、單純誠信，當然是做人處世的法則。可是在複雜的社會上，並不是每一個人都如此單純，有時候過度的直率，反而會引來不必要的困擾，本文是極經典的案例。

我打過許多官司，但有一個官司讓我印象深刻，也因而改變我的人生態度。那是一個著作權的侵權官司——經營出版社，稍一不慎，就會惹來侵權的麻煩。我仔細檢查整個過程，發現我的編輯單位確實有些疏失，雖然一旦上法庭，我們未必會輸，但依我的絕對價值觀，只要我們有瑕疵，就坦白認錯，不要硬拗。所以我約了對方，表達我們願意和解的誠意，而且我很坦白的把我方在其中所獲得的利益，向他說明，並表示我願意把其中大部分的金額作為和解金。我本以為我如此率直、坦白、誠懇，會很快解決這個糾紛。

沒想到對方聽完我的陳述，沉默了許久，竟然不肯答應，反而在我的和解基礎上，再加一倍的金額，這完全出乎我的意外，我遇上了一個嗜血而貪婪的人。

我出的和解金，已超出常理，我只希望簡單解決爭議，不要把精力浪費在官司上，而對方的反應，迫使我不得不對簿公堂。

要感謝他的是，我們最後贏了官司，我們不需要付任何費用，但過程卻是漫長的煎熬。

我一直思考的是，我的和解策略為何沒有成功？在第一次和解談判時，我犯了什麼錯？

率直、坦白、輕諾，是自我檢討得出的錯誤。做人率直、坦白是優點，但在官司的攻防上，無異是公開底牌，自毀長城。而一開口，就把我能忍受的最高和解條件說出來，這就是輕諾。對方絕對沒有想到我是這麼老實的人，還以為這只是我試探性的底價，那麼他再加一倍要求，當然是可以理解的，最後雙方就只好走入法庭上攻防的困境。

對方是個進取而貪婪的人，這種人，不論我多有誠意、多坦白，他都會再加碼要求，絕不會輕易放手。過去我的坦白率直，沒遇到麻煩，因為我遇到的是自制而謙和的人，所以能成功和解，甚至還化敵為友。但遇到嗜血而貪婪的人，我的坦白就變成災難。

這讓我想起一句話：「燒香引鬼」，隨便亂燒香，請不來真神，反而會引來鬼怪。不該大方而過度大方的人，往往會吸引一群想占你便宜的人，這就是「燒香引鬼」。遇到貪婪的人，我竟然盲目的率直、坦白，只會激起他過度不正確的期待，而使雙方更加尖銳的對立。

這數十年來，我遇到許多臺灣的富二代，這些人在個性上很少是正常人，不然就是過度大方，燒香引鬼，周邊環繞了許多吃他的、喝他的酒肉朋友，甚至還引來黑道覬覦；不然就是過度小心、過度小氣，讓人覺得這麼有錢的人，為何如此小心眼，為何如此小家子氣，這又是過猶不及。

坦白率直是好事，但要看情境、看對象，一味的坦白率直就會引來災難。慷慨大方也是優點，但是過度大方，也只會變成肥羊，成為有心人算計的對象。

後記：

❶這個故事，讓我思潮起伏，難道我的誠實單純錯了嗎？當然不是，我只是太一廂情願的亮出底牌，引來對手的不正確期待。其實我只要等他先開口，看他胃口有多大，再決定如何應對，就不難解決。

❷在一個充滿爾虞我詐的社會裡，再誠實的人，別人也未必相信。一定要先瞭解對手的情境，再決定自己的作為。

❸無論如何，個人的誠信還是不可背離。

鈔票的顏色——創業者不應被政治綁架

無奸不商，商人惟利是圖，自古皆然，但是創業者還是有自己的良心，在生意至上中，還是要堅持自己的信仰，不能捲入政治，為生意而不問是非，胡作非為。

在一個應酬的餐會上，許多人談起台灣政治的藍綠紛爭，現場雖然有人偏藍、有人偏綠，但每一個人都搖頭嘆息，對政治人物的糾葛，不以為然。其中某個人忽然冒出一句話，「管他藍還是綠，我們只認同鈔票的顏色！」這句話獲得大家的認同，鈔票的顏色才是這個社會的共識。

餐會後我心情沉重，並不是我不認同鈔票的顏色，作為一個經營者，企業盈虧當然是每天要面對的樂趣，賺錢也是經營者的天職。問題是「認同鈔票的顏色」這句話，似乎承載了太多意涵，也反映了台灣社會的問題。

最簡單的說法是，大家對政治無奈、對意識形態傷心，因此大家只能談生意、談生活、談賺錢，因此不管藍與綠，只認同鈔票的顏色。

進一步的說法則是：生意是現實的，為了生意的完成，我們要取悅客戶，客戶是藍的，我們就是藍的；客戶是綠的，我們就是綠的；如果客戶不藍不綠，我們當然也不藍不綠。如果客戶討厭政治，我們當然也更討厭政治。放棄自我，以客戶為尊，客戶永遠是對的，完成生意才是硬道理，這就是只認同鈔票的顏色。

如果僅是這樣，看來也沒有太大的問題。因為商場上就是如此，取悅客戶是天經地義的，不和客戶唱反調，好像也是商場上應有的禮貌。你的立場、判斷、是非、對錯，為了完成生意，一時被犧牲，短暫被客戶挾持，相信許多人都有這樣的經驗。

當然也會有一些人，更有原則、更有是非。或者應該說，只是因為他的生意做得更好，產品更有競爭力，錢也賺夠了，所以他可以挑客戶、挑生意，違背自己原則的生意不做，與自己立場不同的客戶不要，這種人除了鈔票的顏色之外，還可選擇自己想要的顏色，可以活得更有原則、更有尊嚴、更有自我。

當靈魂染上金錢的顏色

可是台灣社會所謂認同鈔票的顏色，真只是這樣嗎？真只是一時的妥協嗎？真只是隱藏自己的政治傾向嗎？真只是短暫的為生意折腰嗎？

我的心情沉重不只是如此。我感受到的是，太多的人為了鈔票出賣自己的靈魂，出賣自己的是非判斷，出賣自己的價值觀，出賣自己的良心！

許多事，我不相信社會沒有公理，我也不相信台灣社會的教育水準如此之低，連許多基本的判斷都如此是非不明。可是，為什麼許多事都如此是非不分呢？

因為為錢所苦、為錢奔波的大多數人，不只是為生意妥協，甚至為錢出賣自己的良知、出賣自己的靈魂！

我不怪政治人物，因為政治人物本來就是政客，因此顛倒是非，本是常態。但是，如果政治人物以外的人，也被政治牽引，也被金錢污染，當良心抹上政治意識形態，當靈魂染上金錢的顏色，我們會變成政治的奴隸，會變成金錢的魔鬼。

後記：

❶二〇〇八年的台灣，籠罩在貪汙的陰影中，這其中不乏大商人、大老闆捲入其中。為了生意，這些人出賣了靈魂、出賣了原則，「窮得只剩下錢」，骯髒得連錢都無法幫他們洗淨，這些都是錯誤的示範。

❷想創業的人，回歸自己的努力，遠離政治吧！

金錢是什麼？——創業成功之後對財富的認知

創業最基本的目標是財富，但有了財富之後，你會發覺財富有不一樣的意義。

金錢是什麼？對大多數人來說，這像個白癡的問題，答案太簡單了：金錢可以買豪華轎車，最舒適、最安全、最高檔的品牌。

金錢可以吃大餐，最高雅的氣氛、最豪華的食材、無限想像的貼心服務。

金錢可以去旅行，頂級的飯店旅館，甚至城堡，就像十八世紀的皇家貴族一般，奢華到無法想像。

金錢也可以改變社交活動，你往來的朋友，可以從市井小民、親戚、同學，變成社會名流、政治人物、豪門大戶、知名巨星，讓你也好像他們一般。

金錢也能讓你變成知名人物，有錢了可以變成媒體的焦點，只要經過一、兩次金錢的火力展示，全社會都會為你的財富驚嘆，所有人都會認識你。

可是，「金錢是什麼？」也會變成一個永遠無解的哲學問題，當你擁有上面的諸多答案之後，有華車、有豪宅，可以隨心所欲，躋身上流社會，被人人稱羨，金錢是什麼呢？金錢是維持這種奢華生活的門票，這是最簡單的回答，要不斷的、持續的擁有金錢，你才能不斷的、持續的過這樣的日子，過這樣的生活。

當然，金錢可以稍有不一樣的使用方法，買名畫、玩骨董、搞藝術、聽歌劇，但這也只是創造另一種奢華，更何況，在真正的藝術眼光中，有錢人大多只是凱子，用財富來附庸風雅而已。

金錢的負面價值

要持續積極的、正面的回答「金錢是什麼」這個問題，絕對是無解的哲學問題。但對大多數有錢人來說，反面的回答，恐怕比較具體現實。以下就是常見的例子。

金錢會讓人子孫反目、兄弟鬩牆，太多的故事告訴我們，金錢會讓親情變質、水火不容，如果有錢人不善加處理，日後絕對是社會上的大笑話。

金錢也會讓人像通緝犯一般，面對媒體時拿報紙遮臉，躲躲閃閃，一副見不得人的樣子。

金錢還會讓人變成狗仔隊的獵殺對象，身邊隨時都有攝影機，遠處都有長鏡頭，任何不雅的言行，很可能第二天就成為全社會茶餘飯後的題材。金錢讓你處在「楚門的世界」中。

金錢還會讓你變成綁架對象，你會喪失自由，活在保鏢的世界中。

金錢還會讓你銅臭味十足，三句不離錢，三句不離財富。更會讓你成為勢利眼，一切用錢來衡量事情，變成一個十足的守財奴。

還有，金錢可以讓你買到名氣，所有的人認識你，但不見得是好的名聲。如果有機會對有錢人做一次知名度形象調查，許多金錢來路不明的人，他們的名譽恐怕不會比當年白曉燕案的主嫌陳進興好多少。

金錢也肯定買不到尊敬，因為尊敬是來自於對品德、學識、道德情操與社會貢獻的投射，而金錢並不與這些事情劃上等號。

金錢肯定也買不到健康，即使賺得了全世界，輸掉了健康，值得嗎？有關金錢價值的正面描述，幾乎是人盡皆知，但是有關金錢的反面描述，則不見得是所有的有錢人都想得清楚的。

有一次，一個有錢的第二代正深為家族的朱門恩怨所苦，不禁感嘆，兄弟之間為何會反目成仇若此？我描述了一下社會大眾的心情：「你含著金湯匙出世，一生榮華富貴，有錢有勢，要什麼有什麼，如果還一家和樂，親情溫暖，那小老百姓心中怎能平呢？兄友弟恭，一家和樂，是小老百姓的權利，有錢人不容易擁有，這世界才公平！」有錢的人應多想一想金錢的負面價值，才不至於銅臭滿身，面目可憎。

後記：

這篇或許多餘，因為大多數創業者離這個境界很遠，但先想一想無妨。

PART 4

最後的告誡

不想告訴你的真相

創業這條路，只有極少數人會成功。

一個年輕人問我：創業該注意些什麼事？我問他：你想知道什麼？他說：他正徘徊在創業與不創業的邊緣，取決不下，想聽聽我的意見。我回答他：這種狀況，是我最不該說話的時候，因為聽完我的意見，十個有九個都會打退堂鼓，從此斷絕創業的想法，因此這時候最好別問我，我有一些不想告訴你的真相。

我不想讓這些真相徹底摧毀年輕人創業的想望，而創業又是每一個社會進步及更新的動力，缺乏創業動能的社會，沉悶、無趣而且死氣沉沉！

有關創業的「不想告訴你的真相」是什麼？這包括兩部分，第一部分是：在所有想創業的人之中，只有百分之十的人，在性格上合適創業。第二部分則是，所有付諸行動創業的人，只有百分之一的人會成功。

你願意享受冒險的樂趣嗎？

這兩個真相的真正含意是：絕大多數的人不適合創業，而創業成功的機率又低到你不能想像。所以所有想創業及真正投入創業的人都像呆子一般，要有愚公移山的精神與傻勁。

這個真相中的兩個數據：百分之十與百分之一，完全沒有任何科學依據，乃是根據我幾十年來自己不斷投入創業及自己經營企業與觀察、採訪台灣企業營運實況，所得到的個人結論，是我個人的直覺判斷。但對我而言，這兩個數字所隱含的意義，對我思考創業及經營企業，彌足珍貴，而且極具參考價值。

以只有百分之十的人適合創業而言，我真的看到大多數的創業者具有不能創業的性格與基因。像前面所提的年輕人，會反覆問自己、問別人該不該創業，基本上，在性格上他就是不適合創業的人。適合創業的人，會一頭栽進去，不會猶豫不決。他們是用熱情、夢想及感性做事，而不是理性分析。

這些天生適合創業的人，就算他們來問我創業的事，也是問如何創業，而不是該不該創業，而且他們眼中閃爍著希望的光芒，我知道他們心中沒有任何懷疑。

大多數人不適合創業的原因，還有一個承擔風險的因素。大多數人不喜歡冒險，視危險為畏途，可是創業卻是以風險為前提，沒有風險的創業，根本不值得投入，因為報酬極低。高風險、高報償，吸引所有的冒險家義無反顧、爭相投入。

因此，**不妨問問自己：你是個冒險家嗎？不只是冒險家，還要是個超級冒險家，那你才是個適合創業的人。這些人未必在實體世界中有上山下海的冒險，但他們面臨風險時，卻有異於常人的鎮定和感受，他們不但不怕危險，反而還有享受冒險的樂趣**。這種情境，相信百分之九十的人都不會如此自虐，換句話說，十分之九的人都不適合創業。

我知道性格上適合創業的人是上帝的選民。而你如果誤闖創業的叢林，代表你要與上天為敵，你要徹底改造自己的性格，才有機會成功。

知道這個真相之後，還有人要創業嗎？

新商業周刊叢書BW0687C

自慢3：以身相殉
——何飛鵬的創業私房學
（2018年終極修訂版）

國家圖書館出版品預行編目（CIP）資料

自慢3：以身相殉——何飛鵬的創業私房學（2018年終極修訂版）／何飛鵬著. -- 三版. -- 臺北市：商周出版：家庭傳媒城邦分公司發行, 2018.09
面；　公分. --（新商業周刊叢書；BW0687C）
ISBN 978-986-477-515-6（精裝）
1. 創業　2. 企業經營
494.1　　107011860

作　　者／何飛鵬
文字整理／黃淑貞、李惠美
責任編輯／吳依瑋、鄭凱達
文字校對／王筱玲、吳淑芳
封面攝影／何宛芝
封面設計／劉　林、萬勝安
版　　權／翁靜如
行銷業務／莊英傑、周佑潔、黃崇華、王　瑜

總 編 輯／陳美靜
總 經 理／彭之琬
發 行 人／何飛鵬
法律顧問／台英國際商務法律事務所　羅明通律師
出　　版／商周出版
臺北市104民生東路二段141號9樓
電話：(02) 2500-7008　傳真：(02) 2500-7759
E-mail: bwp.service @ cite.com.tw
發　　行／英屬蓋曼群島商家庭傳媒股份有限公司　城邦分公司
臺北市104民生東路二段141號2樓
讀者服務專線：0800-020-299　24小時傳真服務：(02) 2517-0999
讀者服務信箱E-mail: cs@cite.com.tw
劃撥帳號：19833503　戶名：英屬蓋曼群島商家庭傳媒股份有限公司城邦分公司
訂購服務／書虫股份有限公司客服專線：(02) 2500-7718；2500-7719
服務時間：週一至週五上午09:30-12:00；下午13:30-17:00
24小時傳真專線：(02) 2500-1990；2500-1991
劃撥帳號：19863813　戶名：書虫股份有限公司
E-mail: service@readingclub.com.tw
香港發行所／城邦（香港）出版集團有限公司
香港灣仔駱克道193號東超商業中心1樓
E-mail: hkcite@biznetvigator.com
電話：(852) 25086231　傳真：(852) 25789337
馬新發行所／城邦（馬新）出版集團
Cite (M) Sdn. Bhd.
41, Jalan Radin Anum, Bandar Baru Sri Petaling, 57000 Kuala Lumpur, Malaysia.
電話：(603) 9057-8822　傳真：(603) 9057-6622　E-mail: cite@cite.com.my

印　　刷／鴻霖印刷傳媒股份有限公司
經 銷 商／聯合發行股份有限公司 電話：(02) 2917-8022　傳真：(02) 2911-0053
地址：新北市新店區寶橋路235巷6弄6號2樓

■2018年9月4日三版1刷　　Printed in Taiwan

定價450元
ISBN　978-986-477-515-6

城邦讀書花園
www.cite.com.tw

廣　告　回　函
北區郵政管理登記證
台北廣字第000791號
郵資已付，免貼郵票

104台北市民生東路二段141號2樓

英屬蓋曼群島商家庭傳媒股份有限公司

城邦分公司　收

請沿虛線對摺，謝謝！

書號：BW0687C	書名：自慢3：以身相殉	編碼：

請於此處用膠水黏貼

讀者回函卡

不定期好禮相贈！
立即加入：商周出版
Facebook 粉絲團

感謝您購買我們出版的書籍！請費心填寫此回函卡，我們將不定期寄上城邦集團最新的出版訊息。

姓名：＿＿＿＿＿＿＿＿＿＿ 性別：☐男 ☐女

生日：西元＿＿＿＿年＿＿＿＿月＿＿＿＿日

地址：＿＿＿＿＿＿＿＿＿＿

聯絡電話：＿＿＿＿＿＿＿＿ 傳真：＿＿＿＿＿＿＿＿

E-mail ：

學歷：☐ 1. 小學 ☐ 2. 國中 ☐ 3. 高中 ☐ 4. 大學 ☐ 5. 研究所以上

職業：☐ 1. 學生 ☐ 2. 軍公教 ☐ 3. 服務 ☐ 4. 金融 ☐ 5. 製造 ☐ 6. 資訊
☐ 7. 傳播 ☐ 8. 自由業 ☐ 9. 農漁牧 ☐ 10. 家管 ☐ 11. 退休
☐ 12. 其他＿＿＿＿＿＿＿＿

您從何種方式得知本書消息？

☐ 1. 書店 ☐ 2. 網路 ☐ 3. 報紙 ☐ 4. 雜誌 ☐ 5. 廣播 ☐ 6. 電視
☐ 7. 親友推薦 ☐ 8. 其他＿＿＿＿＿＿＿＿

您通常以何種方式購書？

☐ 1. 書店 ☐ 2. 網路 ☐ 3. 傳真訂購 ☐ 4. 郵局劃撥 ☐ 5. 其他＿＿＿

您喜歡閱讀那些類別的書籍？

☐ 1. 財經商業 ☐ 2. 自然科學 ☐ 3. 歷史 ☐ 4. 法律 ☐ 5. 文學
☐ 6. 休閒旅遊 ☐ 7. 小說 ☐ 8. 人物傳記 ☐ 9. 生活、勵志 ☐ 10. 其他

對我們的建議：＿＿＿＿＿＿＿＿＿＿

＿＿＿＿＿＿＿＿＿＿

＿＿＿＿＿＿＿＿＿＿

【為提供訂購、行銷、客戶管理或其他合於營業登記項目或章程所定業務之目的，城邦出版人集團（即英屬蓋曼群島商家庭傳媒（股）公司城邦分公司、城邦文化事業（股）公司），於本集團之營運期間及地區內，將以電郵、傳真、電話、簡訊、郵寄或其他公告方式利用您提供之資料（資料類別：C001、C002、C003、C011 等）。利用對象除本集團外，亦可能包括相關服務的協力機構。如您有依個資法第三條或其他需服務之處，得致電本公司客服中心電話 02-25007718 請求協助。相關資料如為非必要項目，不提供亦不影響您的權益。】

1.C001 辨識個人者：如消費者之姓名、地址、電話、電子郵件等資訊。 2.C002 辨識財務者：如信用卡或轉帳帳戶資訊。
3.C003 政府資料中之辨識者：如身分證字號或護照號碼（外國人）。 4.C011 個人描述：如性別、國籍、出生年月日。

請於此處用膠水黏貼